애
쓰
지 않
는 요
리

애쓰지 않는 요리

매일의 요리는
간단한 편이 좋다

다나카 레이코

요나 옮김

책읽는수요일
Books
on Wednesday

매일의 요리는
간단한 편이 좋다

저는 겉모습 때문에 일을 척척 해내는 성실한 사람으로 오해받고는 하지만 실은 꽤나 게으른 편입니다. 맛있는 것을 먹고 싶다는 마음만큼은 가득하지만요.

그러던 제가 서른 살 무렵, 제철의 식재료와 좋은 조미료만 있으면 수고를 들이지 않고도 맛있는 요리를 만들 수 있다는 사실을 알게 되었습니다. 이 흥미로운 세계에서 도무지 눈을 뗄 수 없게 되었고, 음식에 관한 일에 빠져들게 된 지 벌써 40년 가까이 되어갑니다. 스스로도 놀랍습니다. 요리를 제대로 배운 적이 없기에 저만의 독자적인 요리법이 완성되었지만, 근본적으로 귀찮은 것을 좋아하지 않기 때문에 기본에 크게 얽매이지 않는 간단한 요리를 추구합니다.

프로로서 손님이나 학생들에게 맛보이는 것 또한 동일한 요리법입니다. 종종 "이렇게 복잡한 맛을 내는 데는 손이 꽤 많이 가겠네요"라는 말을 듣습니다. 전혀 그렇지 않지만요. 집에서 만드는 요리가 언제나 같은 맛이어야 할 필요는 없습니다. 오히려 그 계절과 그날에 어울리는 맛의 요리가 되려면 매번 달라야 합니다.

언제나 가족들을 위해서 요리하고 있지만, 어딘가 맛이 부족하다고 느끼는 당신. 일이 바빠서 요리할 기회를 잡지 못하는 당신. 흥미는 있지만 어디서부터 시작해야 할지 고민인 당신. 스스로 밥을 해 먹어볼까 생각 중인 당신. 이 책에서 소개하는 저의 요리법을 훑어보고 일단 시작해보세요.

요리에 꼭 공을 들여야만 하는 것은 아닙니다. 편안하게 하여도 괜찮습니다. 적당하게 힘을 내려놓는 저의 독자적 요리법을 전하고 싶습니다. 음식 앞에 신중하게 맞서는 마음만으로도 충분합니다. 요리라는 것이 꼭 애쓰지 않아도 맛있게 할 수 있다는 사실을 느껴봐주세요.

차 례

매일의 밥상

※ 이 책은 조미료와 저의 기본 요리법, 매일의 식사 일기를 순서대로 읽음으로써 계절마다 어떤 것을 어떻게 먹으면 좋을지 어렵지 않게 생각해낼 수 있고, 나아가 제철 밥상을 이해할 수 있도록 만들었습니다. 다음은 제가 주로 사용하는 계절별 추천 제철 채소입니다. 매년 기후가 다르므로 대략적인 기준으로 삼아주세요.

봄이 제철인 채소

유채, 대파, 순무, 양상추, 양배추, 잠두콩, 완두콩, 껍질 완두콩, 부추

여름이 제철인 채소

양파, 감자, 오이, 토마토, 피망, 가지, 오쿠라, 모로헤이야, 여주

가을이 제철인 채소

호박, 고구마, 토란, 연근, 무, 당근, 브로콜리, 양배추

겨울이 제철인 채소

우엉, 시금치, 배추, 소송채, 마, 쑥갓, 돼지감자, 야콘, 순무, 대파

저의 수업에 처음 와주셨던 분이 "레이코 씨가 조미료 같은 것도 대충대충 넣는 모습을 보고 '이렇게 해도 되는구나!' 싶어서 요리하는 마음이 편해졌어요"라고 너무 기쁜 말씀을 해주었습니다.

계절마다 제철 채소를 요리해서 먹으면 그리 특별할 것 없는 재료에, 기본적인 조미료인 데도 불구하고 매일매일 '아, 맛있다. 잘 먹었습니다!'라는 만족감으로 가득 찹니다. 이제 슬슬 질리려나 싶으면 계절이 금세 또 바뀌어 다음의 맛있는 재료가 찾아오니 계속해서 맛있을 수밖에요. 제철을 먹는 일이란 그런 것입니다.

제철 채소만으로도
맛있어지는 마법.

저는 채소의 껍질은 기본적으로 벗기지 않고 사용합니다. 껍질에 영양가가 있기 때문이 아니라 벗기지 않아도 맛있기 때문입니다. 그래서 껍질을 벗겨야 맛있는 토란 같은 경우에는 껍질을 벗기고 사용합니다.

토마토는 '뜨거운 물에 데쳐 껍질을 벗겨야 맛있다'라고들 하지만 귀찮기도 하고, 껍질과 속살 사이에 맛있는 부분이 있다고 느끼기 때문에 생으로 먹을 때도 가열할 때도 껍질째 먹습니다. 혹시 입안에서 거슬릴 경우에는 뱉어냅니다. 예절보다 맛이 우선이죠.

당근은 원래 껍질이 오블라토(사탕·과자나 약 포장에 사용되는 가식성의 얇은 막. 주로 고구마 전분이나 감자 전분으로 만든다.—옮긴이)처럼 얇기 때문에 다들 속살까지 벗겨내는 것이나 마찬가지입니다. 오블라토만큼 얇기 때문에 먹을 때도 전혀 신경 쓰이지 않죠. 그러니 벗겨낼 필요가 없습니다.

무, 연근, 우엉은 껍질이 있어야 깊은 맛이 납니다. 우엉은 가능한 껍질을 긁어내지 않으려고 조심해서 씻을 정도입니다. 그

정도로 해야만 좋은 향과 깊은 맛을 느낄 수 있으니까요.

가을부터 겨울까지의 즐거움인 고구마도 껍질째로 먹어야 맛있으며 소화에도 더 좋답니다. 다만 가을부터 이듬해 여름까지 보관 가능한 고구마는 끝물에는 수분이 날아가 껍질이 딱딱해지고 떫은 경우가 있습니다. 그럴 때는 주저하지 말고 껍질을 벗기고 맛있게 먹으면 됩니다.

채소의 자투리도 요령 있게 사용한다

요리를 하고 채소의 자투리가 남으면 '아, 쓰레기를 만들어버렸네'라며 찔끔하시는 분들도 많겠죠. '아까우니까' 어떻게든 분발해서 사용해도 좋지만, 오히려 대담하게 남겨버리면 실은 요리의 만듦새가 훨씬 더 좋아집니다. 자투리는 모아두었다가 끓여서 맛국물을 내면 됩니다.

그렇게 마음먹으면 끝부분까지 아슬아슬하게 사용하려고 애쓰지 않아도 됩니다. 기분좋게 쓱쓱 썰다가 채소를 잡을 수 없을 정도에서 적당히 남겨두면 스트레스 없이 써는 작업을 마칠 수 있습니다.

먹을 수는 없지만 스프에는 최적인 부분도 있습니다. 예를 들면 연근의 줄기. 약효가 높다고 알려져 있지만 딱딱해서 먹을 수 없으니 요리에도 사용하지 않습니다. 하지만 끓여서 맛국물을 내면 살릴 수 있습니다.

한 종류만이 아닌 여러가지 채소를 섞으면 한층 더 맛있는 스프, 맛국물이 됩니다. 한번에 국물을 우려낼 정도는 잘

모이지 않으니 자투리가 남을 때마다 냉장고에 따로 모아둡니다. 그때 곰팡이가 생기지 않도록 보관하는 것이 포인트. 저는 종이 포일을 봉투 형태로 만들어 모으고 있습니다. 채수(베지브로스)는 다시마나 가쓰오부시, 멸치와는 다른 맛을 얻을 수 있습니다. 또는 이것들과 조합해도 한층 맛이 좋아지므로 버리지 않고 잘 모았다가 맛국물을 내는 습관을 들여보세요.

자투리는 아니지만 말린 무를 불린 물도 매우 달고 맛이 좋아 맛국물로 사용합니다. 말린 무의 불린 물을 용기에 넣어 냉장고에 넣어두면 꽤 오래갑니다. 냉동 보관도 추천. 얼음 틀에 넣어서 냉동시키면 사용하기에 편리합니다. (종이 포일의 봉투는 p.109 참조)

자투리 채소가 어느 정도 모이면 냄비에 넣어 물을 붓고 1~2시간 정도 약불에서 끓인 뒤 채반에 걸러 채수로. 보통의 육수와 동일하게 사용합니다.

슈퍼에 가면 계절에 상관없이 연중 토마토에 오이, 파프리카, 열대과일 등이 알록달록하게 진열되어 있습니다. 제철의 작물이어야 맛있다고 믿는 저에게는 놀라운 광경입니다. 봄, 여름, 가을, 겨울 어느 계절에나 온갖 채소가 갖춰져 있는 것은 농업기술의 진화로 언제나 재배가 가능해지고, 보존기술이 발전하였기 때문이겠지요.

하지만 제철에 수확된 채소는 세포 하나하나가 건강하고 생동감이 흐릅니다. 칼로 썰어보면 느낄 수 있습니다. 무리하지 않고 제철에 재배된 작물은 실제로 농약이나 화학비료의 사용량도 적다고 합니다.

물론 무농약, 유기농 또는 자연농법의 작물이 이상적이겠지만, 제철 채소를 고르는 것만으로도 채소 자체의 깊은 맛이 있기 때문에 애쓰지 않고 맛있는 요리를 할 수 있습니다.

오늘 밭에서 도착한 채소만이 신선하고 제철의 것이라는 게 아닙니다. 예를 들어 당근, 우엉, 양파, 감자, 고구마 등은 일년에 1~2회 수확하여 보관하고 먹는 채소이니 수확 후 3개월이 지나도 맛있게 요리할 수 있습니다.

채소가 본래 자라나기에 적합한 기후, 기온, 일조의 시기에 쑥쑥 자라나 열매를 맺은 것이 제철의 작물입니다. 당신이 계절에 관심을 가지고 재료를 고르기만 한다면 자연스럽게 맛있는 요리가 만들어질 것입니다.

처음 무농약 시금치를 데쳐서 먹었을 때 먹보인 저는 그 깊은 맛에 충격을 받았습니다. 운 좋게 근처에 무농약 채소 가게가 있어 장을 보러 다니던 차에 조미료 종류에도 관심이 생겨 이것저것 사보게 되었습니다.

전통 방식대로 만들어진 조미료를 테스트해보니 모두 이때까지 사용했던 것에 비하면 다른 차원의 맛이 느껴져 감동이었습니다. '요리 실력이 늘었나?!'라는 생각이 들 정도로 맛이 달랐습니다. 가격은 일반 슈퍼에서 사는 것보다 훨씬 비쌌지만, 깊은 맛의 포로가 된 저는 예전으로 돌아갈 수 없게 되어 그 후로 40년 내내 전통 방식으로 소규모 생산되고 있는 조미료만 사용하고 있습니다. 종류는 그렇게 많지 않습니다. '소금, 간장, 미소된장, 식초, 기름' 정도입니다.

지금부터 제가 사용하고 있는 조미료를 소개하겠습니다. 고르는 기준도 알려드릴 테니 참고하여 근처에서 찾아봐주세요. 한번에 모든 조미료를 바꾸려 하기보다 가능한 것부터 하나씩 시험하고 바꿔가 보세요.

우선 소금부터 바꿔보면 어떨까요? 천일염은 비교적 저렴한 가격에 살 수 있는 데다가 요리도, 몸의 상태도 눈에 띄게 변화하므로 추천드립니다.

조미료는
매우 중요하다.

다테시나 고원(蓼科. 일본 나가노 현 치노 시에 있는 고원─옮긴이)에서 날이 좋을 때는 밭일하는 짬짬이 야외에서 요리를 합니다. 물론 '애쓰지 않아도 되는' 간단한 요리들뿐입니다. (웃음)

소금은 중요한 조미료입니다. 재료의 맛을 끌어내며, 잡맛이나 떫은맛을 눌러주어 요리를 맛있게 만들어줍니다. 맛있는 소금이 있으면 요리의 실력도 확 오르기 마련이고요.

제가 주로 사용하는 것은 천일염. 해수를 화력이나 햇빛으로 결정화시킨 것으로, 미네랄이 풍부하게 들어 있기 때문에 혀에서 맛이 좋게 느껴집니다. 일반 소금을 천일염으로 바꾸는 것만으로도 요리의 느낌이 확 달라지죠.

일단은 천일염을 한번 시도해보세요. 맛을 볼 때는 아주 조금만 입안에 넣고 침과 섞어봅니다. 단순한 짠맛만이 아닌 여러 가지의 맛이 느껴질 겁니다.

저의 수업에서 8~10가지 종류의 소금을 맛보여 드리면 어떤 사람은 맛있다고 하는 소금을 어떤 사람은 쓰다고 하기도 합니다. 사람에 따라 원하는 미네랄의 종류가 다르며, 해역에 따라서도 미네랄의 균형이 다르기 때문에 당연한 결과입니다. 더군다나 같은 사람일지라도 계절이나 몸의 상태에 따라 맛있다고 느끼는 지점이 달라지고요. 우선 마음에 드는 것을 골라서 그것을 바탕으로 조금씩 범위를 늘려가다 보면 요리가 즐거워질 거예요.

우리에게 익숙한 '식탁염'(食卓塩. 식사 시 요리에 뿌려서 조미료로 사용하는 식염. 정제염에 탄산칼슘과 탄산마그네슘을 버무려 습기를 방지한다.—옮긴이)을 비롯한 정제염은 전기분해로 제조되어 대부분의 성분이 염화나트륨입니다. 미네랄 성분이 부족하기에 요리에 사용하면 짜기만 할 뿐 재료 자체를 맛있게 해준다고 하기는 어렵습니다. 우리의 몸과도 생리적으로 맞지 않는 소금이고요.

(TIP) **고르는 기준**

원재료는 해수로, 이것을 햇볕 또는 가마로 농축·결정화시킨 것을 추천.

간장도 종류가 굉장히 다양해 고를 때 곤란하시죠. 공업적으로 제조된 것도 많고 맛의 깊이에도 차이가 있는데 제가 추천하고 싶은 것은 천연 양조간장입니다. 1~2년 이상 미생물에 의해 대두의 맛이나 향이 최대한으로 끌어올려진 상태라(미생물이 활동하는 것을 발효나 양조라 부른다.) 짠맛 이외에도 단맛, 신맛, 떫은 맛, 감칠맛의 깊이가 있습니다. 애쓰지 않고 슬렁슬렁, 하지만 맛있는 요리를 하고 싶다면 천연 간장을 손에 넣어보세요.

천연 양조간장에는 향미 성분도 몇 백 가지나 되는데 장미, 히아신스, 바닐라, 커피와 동일한 성분도 포함되어 있다고 합니다. 여러 가지 성분이 어우러져 식욕을 돋우는 향과 오묘한 맛이 납니다.

이런 간장에는 포용력이 있어 대담하게 마음껏 사용해도 단순히 짠맛만 나지는 않습니다. 또한, 소금

간
장

으로 맛을 낸 국에 마무리로 몇 방울 더해주면 맛을 부드럽게 만들고 소금의 맛을 잘 살려줍니다. 식초 요리에도 마무리로 조금 더하면 산미가 둥글둥글해져 시큼한 맛이 부드러워집니다. 저는 샐러드에도 간장을 사용합니다. 겨울에는 간장의 어렴풋한 산미만으로도 충분해서 다른 식초 종류는 필요하지 않습니다.

테이블에 간장병을 올려놓으면 가족 모두가 자기 취향대로 조절할 수 있어 좋습니다. '완성된 요리에 간장을 더하다니 버릇이 나쁘네!'라고 생각하기 쉽지만, 가족들도 모두 몸 상태가 다르고 간이 다르니 합리적인 방법이지요.

TIP 고르는 기준

원재료는 대두, 밀, 소금으로만 이루어져 있으며 천연 양조한 것을 고른다. 가열하지 않은 '생'의 상태이거나, 저온에서 가열된 것을 추천한다. 원재료의 대두와 밀이 무농약인 것이 바람직하며 유전자 조작된 원료, 알코올, 첨가물이 사용된 것은 피하자.

미소는 찐 대두에 누룩, 소금을 더하여 발효시킨 일본 전통의 발효 조미료입니다. 쌀 미소, 보리 미소 등 다양한 종류가 있으나 공통된 원재료는 대두와 소금. 쌀 미소는 대두에 쌀누룩을 더해 만든 것이고, 보리 미소는 대두에 보리누룩을 더해 만든 것입니다. 콩 미소는 대두와 소금만으로 만들어집니다. 우선 만능으로 쓰이는 쌀 미소부터 구해보는 것은 어떨까요. 저는 현미 미소(현미누룩

을 사용한 쌀 미소)와 콩 미소를 요리나 기분에 따라 골라서, 또는 두 종류를 더하여 사용하고 있습니다.

저는 쌀 미소를 먹으며 자랐지만 성인이 되고 나서 접한 콩 미소가 너무 맛있어서 한동안은 '콩 미소 러버'로 미소국에도 요리의 양념에도 이것만 사용했습니다. 콩 미소는 대두의 비율이 가장 높으며 2~3년의 시간을 들여 숙성시키므로 맛이 깊고, 떫은맛과 약간의 산미도 있어 개

성이 강합니다. 단맛을 더 원할 경우
에는 누룩을 듬뿍 넣어 만드는 백미
소를 사용하기도 합니다.

미소는 그 자체로도 맛있으므
로 배가 고플 때 손가락으로 찍어 먹
기도 하는데, 깊은 짠맛이 위는 물론
이고 기분도 안심시켜줍니다. 게다가
미소는 우리의 미각만 만족시키는
것이 아니라 몸에 필요한 필수 아미
노산, 각종 비타민, 미네랄, 지방, 식
이섬유 등이 포함되어 있어 영양가도

뛰어나죠. 장내의 유용균도 늘려주
므로 건강뿐만이 아닌 미용에도 아
주 좋은 아군입니다. (가쓰오부시 파우
더는 p.107을 참조)

ⓉⒾⓅ 고르는 기준

빠르게 숙성시키기 위해 습도를 조절하거나 첨
가물을 더하지 않은 상태의 발효, 숙성된 천연
양조 미소를 추천. 원재료는 대두, 소금, 누룩
만 사용한 것(콩 미소의 경우에는 대두와 소금
만)이 좋다. 원재료에 '국산', '유기', '유전자 변
형 없음'이라고 표기된 것을 고른다.

애플 비니거의 재료는 오로지 사과만이어야 한다. 다른 것은 아무것도 더하지 않고 양조한 것을. 사과는 유기농인 것을 고른다. 발사믹 식초는 원재료로 유기농 포도과즙과 유기농 와인 비니거를 사용한 것을 고른다.

식초는 포도 과즙으로 만드는 발사믹 식초(레드, 화이트)와, 사과로 만드는 애플 비니거를 중심으로 사용하고 있습니다. 쌀로 만든 식초에 비해 산미가 부드러우며 다른 조미료와도 궁합이 아주 좋습니다. 간장이나 미소와 함께 사용하면 맛이 더욱 깊어지지만 그렇다고 결코 맛에 방해가 되지는 않습니다. 그래서 오랜 시간 애용해왔지요.

발사믹 식초는 포도의 과즙을 조려서 나무통에 담기를 몇 번이나 반복하여 농도를 높여가며 숙성시켜 만듭니다. 본래 쌀 식초나 애플 비니거와 같은 과실초는 두 번의 양조를 거쳐 식초로 만듭니다. 하지만 오늘날 일본에서 시간을 들여 쌀 식초를 양조하고 있는 곳은 손에 꼽을 정도로, 진짜 식초를 손에 넣기가 좀처럼 쉽지 않은 것이 현실입니다. 게다가 쌀 식초는 제 요리에 더하기에는 산미가 너무 강하기도 하고, 어딘가 차가운 느낌이 있어 잘 쓰지 않게 되었습니다.

20대에 자취를 시작했을 무렵에는 1년에 겨우 1병 정도의 쌀 식초를 사용했습니다. 그런 제가 애플 비니거, 발사믹 식초(레드, 화이트)를 알고 나서부터는 연중 대혼란 상태가 되었죠. 이렇게 일본 요리와 궁합이 좋을 줄이야!

애플 비니거는 매일의 샐러드에 필수품입니다. 드레싱을 만들거나 채소에 오일, 소금, 애플 비니거의 순서대로 버무리기만 하면 됩니다. 간장과 섞어서 마늘을 조금 넣으면 만능 소스가 된답니다.

발사믹 식초(화이트)는 애플 비니거의 산미를 누그러뜨리고 싶을 때나, 달고 부드러운 산미를 원할 때 더하기도 합니다. 조림 요리에 조금만 넣어도 맛이 깊어지는데, 넣은 사람밖에 모를 정도인 고작 한두 방울의 효과에 놀라고는 합니다.

발사믹 식초(레드)는 감칠맛이 나서 간장이나 미소와의 궁합이 잘 맞고, 소테나 찜 요리의 마무리에 간장과 함께 넣고 센 불로 조려 사용합니다. 재료의 매력을 지켜주는 든든한 지원군이죠.

그간 여러 가지 기름을 사용해 왔지만 이제는 주로 올리브 오일을 사용하고 있습니다. 다른 오일과 비교해 생으로도 사용하여도, 가열하여도 느낌이 가벼워 요리하기 좋거든요. 요리 교실 학생들은 제가 기름을 듬뿍듬뿍 쓰는 모습에 처음에는 놀라곤 하지만, 완성된 요리의 맛이 좋고 느끼하지 않으니 점점 사로잡히는 듯합니다. 올리브 오일과 친해지면 요리가 간단해지며 피부도 몸의 상태도 좋아지죠.

재료나 간장, 미소의 맛을 무너뜨리지 않으며 오히려 그 맛을 끌어올려주어 키다리 아저씨처럼 기댈 수 있는 올리브 오일. 다른 기름은 씨앗으로부터 만들어지나, 올리브 오일은 과실에서 만들어지기 때문에 주스 오일이라고도 말할 수 있습니다. 생산국인 이탈리아에서는 건강을 위해 유리잔에 따르고서 꿀꺽꿀꺽 마시기도 한대요. 변비에도 좋고, 폴리페놀 성분이 지방세포가 늘어나는 것을 억제시켜줍니다. 아무래도

기름

마시는 것까지는 역시 어렵겠지만, 대신 병에서 콸콸 부어 요리에 듬뿍 사용합니다. 그렇게 해도 체지방률은 10퍼센트대예요. 올리브 오일은 아무리 많이 사용해도 요리가 기름져지지 않습니다.

　　오일은 빛에 의해 산화되기 때문에 구매할 때는 우선 차광병에 들어 있는지, 조명을 직접 받고 있지는 않은지 확인해주세요. 그리고 집에서는 서늘하고 어두운 곳에 보관해주세요. 오랫동안 사용하지 않을 때

는 입구가 넓은 병에 옮겨 담아 냉장고에 넣어주고, 굳어버린 오일은 숟가락으로 떠서 사용하면 됩니다.

※ 올리브 오일 이외에 향미를 원할 때에는 참기름을 사용하고 있습니다. 튀김 요리를 할 때는 압착법으로 만드는 채종유도 사용합니다.

(TIP) 고르는 기준

저온압착(콜드 프레스)한 것 중에서 오가닉, 엑스트라버진 종류를. 용기는 차광병이나 캔에 든 것을 고른다. 채종유, 참기름도 압착법으로 만들어진 것을 고른다.

제가 요리를 하는 장소는 도쿄 일터의 주방, 집, 나가노 현 다테시나의 밭, 숲속의 오두막집, 그리고 한 달에 한 번 들르는 삿포로의 어머니 주방입니다만 대부분 같은 종류의 냄비나 도구를 사용하고 있습니다. 조리용 냄비는 뚝배기나 스테인리스 재질의 무수분 냄비, 도마, 칼, 주방용 가위, 볼과 채반, 나무 주걱과 고무 주걱, 대나무 젓가락, 냄비 안의 재료를 섞기에 편리한 큰 스푼. 도구는 대략 이 정도로 정말 별것 없습니다. 하지만 이것만으로도 요리하기에 충분하죠.

도구는
조금이어도 충분하다.

요리를 할 때 칼을 빼놓을 수 없지만, 무엇보다 손이 최고의 도구인 것 같습니다. 손을 사용해서 음식을 만지고 있으면, 먹기 전부터 채소의 상태를 알 수 있고, 간도 자연스럽게 조절할 수 있습니다. 예를 들면 양상추와 같은 잎채소류는 손으로 찢어야 맛이 잘 배므로 꼭 손으로만 작업합니다. 커다란 토마토를 푹 끓일 때도 냄비 안에서 손으로 으깨는 것이 손쉬울뿐더러 좋은 상태가 됩니다.

매일 점심쯤 하루의 첫 식사를 하는데, 정해놓고 만드는 것은 제철의 생채소 샐러드. 여러 종류의 채소와 파슬리나 루꼴라 등의 허브를 섞어서 샐러드볼에 한가득 만듭니다. 이전에 서버로 섞을 때는 채소가 볼 밖으로 튀어 나가고는 했는데 언젠가 손으로 해보았더니 고루 잘 섞여 맛있는 샐러드가 되었습니다. 그 이후로 샐러드를 만들 때는 꼭 손을 활용합니다. 무침 요리를 만들 때도 역시

손으로 하는 편이 더 잘 어우러지고,
간도 전체적으로 잘 밴다고 생각합
니다.

　　손을 항상 깨끗하게 유지합니
다. 갑자기 걸려온 전화도 바로 받을
수 있고, 다른 식재료를 집을 때도
안성맞춤이랍니다.

칼로 써는 일이 서툴다고 느끼는 분이 많으리라 생각됩니다. 시간에 쫓겨 '밥을 해야 하는데'라며 초조한 마음으로 요리할 때, 피곤해서 요리하고 싶지 않을 때, 마치 원수를 갚으려는 듯이 기합을 넣고서 재료를 해치우듯 썰고 있지는 않나요? 당신의 힘으로 써는 것이 아니라 칼의 날이 썰어주는 것이니, 칼에 맡기고 힘을 빼보면 김이 샐 정도로 잘 썰린답니다.

우선 칼을 꽉 쥐어 잡습니다.

이때 힘주어 잡는 것이 아니라 잡는 행위를 의식하는 것만으로도 충분합니다. 그리고 꾹꾹 누르며 써는 것이 아니라 칼을 앞으로 밀어가며 쓱쓱 씁니다. 그러면 저절로 힘이 빠지면서 칼날이 재료를 썰어줄 거예요. 칼에 모든 것을 맡긴 채, 긴장하지 말고 편하게 써는 것입니다. 쓱쓱 썰리면 왠지 기분이 좋아져서 그 일이 즐거워집니다. 피곤도 풀리고요. 이런 방법으로 썰면 재료의 단면도 반짝반짝하고 결도 곱게 썰리기 때문에

떫은맛이 나지 않고 요리가 맛있게 완성됩니다. 실력도 같이 늘고요. 써는 방법이나 크기를 맞추는 일은 크게 신경 쓰지 말고 일단 편하게 힘을 빼고 썰어보면 분명히 실력이 좋아진 것처럼 잘 될 겁니다. 썰면서 명상을 하는 듯한 기분이 들 정도로요.

저의 요리 교실 수강생들도 처음에는 써는 데 서툴다가도 채썰기를 좋아하게 되고는 하니, 당신도 분명히 그럴 것입니다. 편하게 쓱쓱 썰기를 시도해보세요. 그리고 칼은 조금

크게 마음먹고 10~20만 원 정도의 스테인리스 제품을 구해보세요. 평생 사용할 수 있는 데다 매일 기분 좋게 맛있는 요리를 할 수 있으니 오히려 이득인 셈입니다.

웬만하면 일회용품을 쓰지 않고, 화학적인 것을 사용하지 않는 편이지만 종이 포일만큼은 쓰임이 무척 많고 요리의 장벽도 낮춰주기 때문에 쭉 애용하고 있습니다. 종이 포일은 양면에 실리콘 가공이 되어 있어 기름이나 국물은 잘 통하지 않고 증기는 적절하게 통과시킵니다. 내열 온도는 250℃입니다.

저의 주된 사용법은 아래와 같습니다. 아이디어에 따라 이용 범위가 무한으로 넓어지므로 식생활에 도움이 됩니다.

1. '찜 요리'를 할 때

내열이 되고 증기를 적절하게 통과시키므로 찜 요리에 적합합니다. 냄비에 물을 채우고 재료를 싼 종이 포일을 놓은 뒤 뚜껑을 덮기만 하면 찜 요리 완성.

2. 도마에 깔아서

유부와 같이 유분이 많은 식재료를 썰 때 도마에 종이 포일을 깔고 썰면 도마가 더럽혀지지 않고, 썬 재료 그대로 냄비에 옮길 수도 있습니다. 도마가 더럽혀지지 않으니 다음 재료도 바로바로 썰 수 있고요.

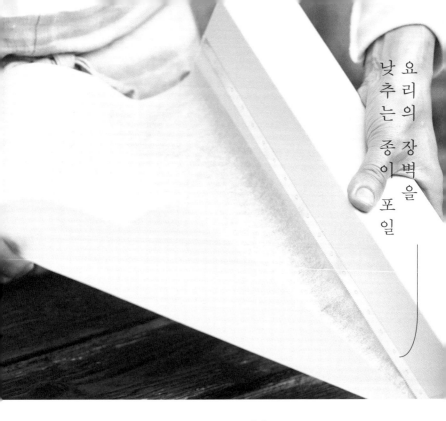

요리의 장벽을 낮추는 종이 포일

3. 남은 요리나 재료 보관에

종이 포일에 한 번 싸서 용기에 넣어 냉장하면 종이 포일째로 데울 수가 있어 편리합니다. 용기의 오염도 적어지고요. 또한, 주먹밥은 랩으로 싸면 잡균이 번식하기 쉽지만 종이 포일에 싸서 천으로 감싸두면 잘 상하지 않습니다.

4. 접시로

채반에 종이 포일을 깔아서, 접시로.

(TIP) 종이 포일을 사용하는 페이지

pp.18~19 채소의 자투리 보관 시
pp.46~47 채반에 깔아서 접시로
pp.74~83 찌거나 조림과 찜을 동시에 할 때
pp.104~105 데친 채소 보관 시
pp.108~109 말린 채소 보관 시

제가 그릇으로 주로 활용하고 있는 것은 볼과 나무 채반입니다. 볼에다 샐러드나 무침 요리를 만들고 그대로 테이블 위에 놓습니다. 채반에 종이 포일을 깔고 그 위에 재료를 담으면 설거지를 할 필요도 없습니다. 갑자기 요리를 해야 할 때나 사람들이 모였을 때도 보물 같은 도구죠. 밭이 있는 다테시나에서는 무조건 이런 요령으로 편하게 식사하고 있습니다.

도구가
그릇이 됩니다

조리법은
다섯 가지로 충분합니다.

조리는

언제나 두 단계로 완성.

1. 재료를 익히다
2. 조미하다

　　매일의 요리는 다섯 가지의 조리법으로 충분합니다. 대략적인 분량에 맞추어 간단히 만들 수 있습니다. 또 언제나 두 단계의 간단한 순서로 조리합니다. '찜 볶음', '찜 조림', '소테', '찜'은 1) 익히다, 2) 조미하다의 순서로, '샐러드'만 1) 오일을 더하다 2) 조미하다로 순서가 달라집니다. 재료에 열을 가할 때의 요령은 냄비를 불에 올리면 뚜껑을 덮고, 때때로 상태를 확인하는 것입니다. 음식의 간은 그날의 몸 상태에 맞춰 소금을 가감하며 조절합니다.

4

5

찜

볶

음

저는 볶음 요리를 할 때 뚜껑을 덮고 조리하기 때문에 '찜 볶음'이라고 부릅니다. 시간이 없을 때 자주 등장하는 조리법이죠. 냄비에 오일을 두르고, 재료를 넣어 뒤적이고, 뚜껑을 덮어 불에 올립니다. 볶음이라고 하면 "냄비 옆에 붙어 서서 뒤적인다"는 이미지가 그려질 텐데요. 그럴 필요 없이 재료가 익을 때까지는 뚜껑을 덮은 채 가열하면 되기 때문에 기름도 튀지 않습니다. 냄비와 냄비 안이 뜨겁게 가열될 때까지는 바닥에 불꽃이 닿을락 말락 할 정도의 불에 올려두고, 안에서 소리가 나기 시작하면 약불로 맞춰 익혀가면 됩니다. 조미료는 마지막에 더하고 약불에서 마무리합니다. 중화의 볶음 요리와는 느낌이 다르지만, 충분히 익힌 재료의 맛을 최대한으로 끌어올리는 방법입니다.

1

재료를 익히다

냄비에 재료와 오일을 넣어 섞고 소량의 물을 더한 뒤 뚜껑을 덮고 중불에 올린다.

"재료와 오일을 골고루 섞어 표면을 코팅한 뒤에 뚜껑을 덮고, 냄비 바닥에 불꽃이 닿을락 말락 한 정도의 중불에 올립니다. 뚜껑을 덮고 찜 볶음으로 요리하면 채소의 맛이 빠져나가지 않고 맛있게 완성됩니다. 눌어붙는 것을 막기 위해 물을 조금 더합니다." →

TIP 불 조절에 관하여

'강불'은 냄비 바닥 전체에 불꽃이 닿는 상태, '중불'은 냄비 바닥에 불꽃의 끝부분이 닿을락 말락 한 정도, '약불'은 불꽃의 끝부분이 냄비 바닥과 가스레인지의 중간 정도에 있을 때입니다. '아주 약불'은 약불보다 더 작고 꺼지지 않을 정도의 불꽃을 말하죠.

강불

중불

약불

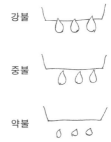

냄비 안에서 소리가 나면 약불로
낮추고 가끔 섞어가며 익힌다.

$\rightarrow$

"냄비 안에서 소리가 나기
시작하면 뚜껑을 열어 전체
를 한 번 주걱으로 뒤집고
약불로 낮춥니다. 이따금 뚜
껑을 열어 뒤섞어주고 다시
뚜껑을 덮어 가열하는 동
작을 반복하여 찌듯이 볶
습니다."

2

조미하다

재료가 익으면 강불로 올리고 조
미하여 마무리한다.

"재료가 익으면 불의 세기를
강한 중불에 맞추고 소금,
미소, 간장 등 원하는 조미
료를 더합니다. 그런 다음 더
강한 불로 올려 간이 배도록
뒤섞어가며 마무리합니다."

소송채와 만가닥버섯,
고야두부 찜 볶음

1

재료를 익히다

소송채 200g (4cm 길이)
만가닥버섯 100g (세로로 얇게 썰기)
고야두부 (p.114 참조) 1/2모 (해동하여 먹기 좋은 크기로 썬다.)
올리브 오일 4큰술

↓

냄비에 오일, 소송채, 만가닥버섯을 넣고 섞어 중불에
올린다. 반 정도 익으면 고야두부를 넣는다.

2

조미하다

소금 1작은술 이상

↓

이따금 섞어가며 몇 번에 나누어 간을 맞춘다. 두부는
으깨져도 괜찮다.

EX 조미를 변형한 예

산미, 깨 등을 더한다.

* 소금, 간장 + 화이트 발사믹 식초
* 소금, 간장 + 홀그레인 머스터드
* 간장 + 빻은 깨

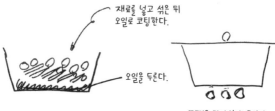

재료를 넣고 섞은 뒤
오일로 코팅한다.

오일을 두른다.

뚜껑을 덮어 불에 올린다.

찜

조림〔조림〕

저는 조림 요리도 꼭 뚜껑을 덮고 하기 때문에 '찜 조림'이라고 말합니다. 대개 조림은 요리하기 어렵다고 하는 분들이 많은데, 사실 가장 편한 조리법이 아닐까 합니다. 냄비에 국물을 낼 다시마, 멸치와 재료, 물을 넣고 조리기만 하면 되니까요. 재료가 익으면 소금, 간장 등의 조미료를 더하여 조금 더 조려내면 완성입니다. 뚜껑을 덮음으로써 열이 효율적으로 재료에 전달되어 빠르게 조릴 수 있습니다. 맛도 잘 배어들고요. 처음에는 간단히 한 종류의 재료부터 시작해서, 익숙해지면 두세 종류의 재료를 섞어보면 조림 국물도 진해져 맛이 좋아집니다. 일단은 뚜껑을 덮는 것부터 시작해보세요.

1

재료를 익히다

냄비에 재료와 물을 넣고 뚜껑을 덮어 강불에 올린다.

"재료 자체의 맛이 우러나 오기 때문에 맛국물을 넣지 않아도 맛있습니다. 맛을 더 내고 싶을 때는 다시마나 멸치를 국물에 더하거나, 끓어 오른 뒤 가쓰오부시 팩을 넣 습니다. 뚜껑을 덮어 조리기 때문에 짧은 시간 안에 맛있 게 완성됩니다." →

끓어오르면 약불로 줄여 재료가
익을 때까지 찌듯 조린다.

"끓어오르면 약불로 하여 보　　→
글보글한 상태로 천천히 익
힙니다."

2

조
미
하
다

재료가 익으면
조미한다.

"재료가 익으면 소금, 간장,   →
미소 등으로 간을 합니다.
조미료를 넣을 때는 팔팔 끓
인 다음 가장 먼저 소금, 소
금이 다 녹으면 간장, 이런
순서로 천천히 더해주세요."

약불에서
맛을 배게 하다.

"조미료를 더하면 불을 줄
여 천천히 맛이 배어들게 합
니다. 바로 먹어도 맛있지만,
불을 끈 뒤 수건으로 감싸
놓으면 보다 맛있어집니다."

(p.92 참조)

무 찜 조림

1

무(작은 것) 1통

(7㎜ 정도의 굵기로 토막 썰기)

다시마 사방 10cm 크기

(먹기 좋은 크기로 썰기)

물 500㎖

↓

냄비에 다시마와 무, 물을 넣고 뚜껑을 덮어 강한 중불
에, 끓어오르면 약불로 줄여 익힌다.

2

소금 1/2 작은술

간장 약간

↓

무가 투명해지면 소금을 넣고 소금이 녹으면 간장을 넣
는다. 한소끔 더 조린다.

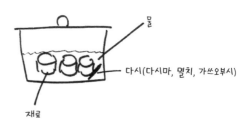

물

다시(다시마, 멸치, 가쓰오부시)

재료

소테
〔찜
구이〕

저는 소테를 할 때도 뚜껑을 덮기 때문에 기름으로 '찜 구이'를 하는 듯한 느낌입니다. 소테를 잘하려면 재료를 넣을 때의 냄비 온도가 중요합니다. 그것만 잘 조절하면 그리 어렵지 않습니다. 냄비에 오일을 두르고 불에 올려 천천히 기다렸다가 오일에서 김이 살짝 보이면 재료를 넣고 뚜껑을 덮습니다. 한쪽 면에 지긋이 열을 가해 표면도 익기 시작하면 뒤집습니다. 그러면 형태가 무너지지 않게 잘 구울 수 있습니다. 감자도 두껍게 썰어서 소테를 하면 겉은 바삭, 속은 촉촉하고 부드러워 소금만으로도 맛있습니다.

1

재
료
를

익
히
다

오일을 냄비에 두르고 약한 중불
에 올린다.

"약한 중불에 올려서 오일의   →
김이 피어오르고 움직임이
생길 때까지 데워줍니다. 오
일은 조금 넉넉히 넣어주어
야 타는 것을 막을 수 있습
니다."

오일에서 김이 나면 재료를 넣고
뚜껑을 덮는다.

"재료가 움직이지 않도록 잘   →
놓은 뒤 바로 뚜껑을 덮어
주세요. 불도 건드리지 않고
뚜껑을 덮은 채 그대로 가열
합니다."

재료가 8할 정도 익으면 뒤집는다.

"냄비 안의 소리가 잦아들면 →
뒤집어줍니다. 뒤집고 나서
다시 뚜껑을 덮고 가열합니
다. 이렇게 하면 겉은 바삭,
속은 부드럽게 완성됩니다."

2

조
미
하
다

완전하게 익으면 조미료를 넣고
강한 중불로 올려 버무린다.

"소금, 간장, 미소 등의 조미
료를 넣습니다. 뚜껑을 열고
강한 중불에 올려 버무려가
며 마무리합니다. 취향에 따
라 마지막에 발사믹 식초 등
의 산미를 더해 풍미를 올려
도 좋습니다."

돼지감자 소테

1

재료를 익히다

돼지감자 350g

〈5mm의 두께로 토막 썰기〉

올리브 오일 3큰술

↓

냄비에 올리브 오일을 살짝 고일 정도로 넣고 약한 중불에 올린다. 김이 보이면 돼지감자를 넣고 뚜껑을 덮어 찜 구이로 요리한다. 표면이 투명해지고 밑면이 노릇해지면 뒤집는다.

2

조미하다

소금 1/2작은술

발사믹 식초 3큰술

↓

소금과 발사믹 식초를 더해 강한 중불에서 조리듯 버무린다.

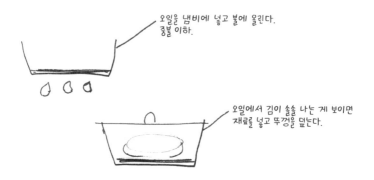

오일을 냄비에 넣고 불에 올린다. 중불 이하.

오일에서 김이 솔솔 나는 게 보이면 재료를 넣고 뚜껑을 덮는다.

찜

전용 찜기나 세이로(나무 찜통. 바닥에 겅그레를 댄 것. 솥 위에 얹어 팥밥·만두 등을 찌는 데 쓴다.―옮긴이)를 사용하면 되지만, 왠지 그럴 생각만 해도 귀찮아지지 않나요? 하지만 평소 식사를 만들면서 항상 사용하는 냄비와 종이 포일만으로도 수월하게 요리의 폭을 넓힐 수 있습니다. 저는 언제나 그렇게 하고 있거든요. 예를 들면 양배추를 쪄서 올리브 오일에 버무리면 간장, 또는 머스터드나 소금으로 그때그때의 기분에 따라 맛을 즐길 수 있습니다. 또 조림 요리를 하는 냄비에 종이 포일에 찌고 싶은 것을 넣어 올려두면 조림과 찜을 동시에 할 수 있습니다. (p.80 참조)

1

재료를 익히다

종이 포일로 재료를 감싸 뚜껑을
덮고 강불로.

"물을 채운 냄비에 종이 포일을
평평하게 깐 뒤 그 위에 종이 포일
로 감싼 재료들을 각각 올리고 뚜
껑을 덮습니다. 처음에는 강불로,
물이 끓기 시작하면 약불로 줄여
찝니다. 이렇게 재료별로 나눠서
찌게 되면 각자 다른 요리로 만들
수도 있고, 빨리 익는 재료부터
시간차를 두고 꺼낼 수 있기 때문
에 편리합니다." →

2

조
미
하
다

찐 재료를 무친다.

"재료가 익는 순서대로 오
일로 코팅하고, 요리로 만듭
니다."

응용 예
*두부에 버무린다. (p.78 참조)
*소금(또는 간장) + 홀그레인 머스터드로 버무린다.
*소금 + 간장 + 홀그레인 머스터드로 버무린다.
*간장 + 깨로 버무린다.

찐 호박과
껍질 강낭콩 두부 무침

1

재
료
를

익
히
다

호박 1/4개
껍질 강낭콩 100g
(모두 먹기 좋은 크기로 썬다.)

↓

종이 포일에 각각의 재료를 싸서 찐 뒤 채반에 펼쳐 잔
열을 식힌다.

2

조
미
하
다

두부 1/2모 (채반에 올려 물기를 뺀다.)
올리브 오일 3큰술
소금 2작은술
애플 비니거 2큰술

↓

두부를 볼에 넣고, 조미료를 순서대로 넣어가며 잘 섞은
뒤 앞서 익힌 재료를 넣고 버무린다.

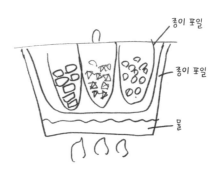

처음에는 강불 ━━▷ 끓어오르기 시작하면 약불

찜의 응용 편
'조림+찜'을 동시에!

1

재료를 익히다

상하 2단으로 '조림+찜'

"냄비에 재료와 물을 넣고 그 위에 종이 포일로 싼 재료를 올린 뒤 뚜껑을 덮고 강불에 올립니다. 끓어 오르면 약불로 줄여 뭉근하게 익 힙니다."

→

2

조미하다

예를 들면 무침 요리와 스프,
상단 하단으로 두 가지 요리를 동시에.

"예를 들면 상단에는 채소를 쪄서 샐러드나 무침 요리로 하고 하단에는 소금, 간장, 미소를 더하여 스프나 포토푀, 미소국으로 하는 등 다양한 응용이 가능합니다."

※ 조림과 맛국물로 나누어 사용하는 것도 요령입니다. (p.100 참조)

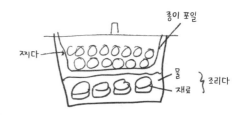

찜
(상단) :
우엉
땅콩 무침

재료를 익히다

1 우엉 1/2대 (세로로 2~4등분 하여 4cm의 길이로)

↓

종이 포일로 싼다. 하단의 위에 올려 찐다.

조미하다

2 땅콩 페스토 2큰술
간장 1/2큰술 이상
물 6큰술 이상
발사믹 식초 1/2작은술

↓

볼에 순서대로 더하며 잘 섞어 소스를 만든 뒤 우엉을
무친다.

찜 조림
(하단) :
감자와 쥬키니
포토푀

재료를 익히다

1 감자 300g (큼직하게 썰기)
쥬키니 2개 (2cm 두께로 둥글게 썰기)
양파(중) 1개 (방사형으로 썰기)
당근 한 조각
말린 멸치 4~6조각
물 600ml

↓

모든 재료를 냄비에 넣고 강한 중불에 올린다. 끓어오
르면 불을 줄이고 찌듯 조린다.

조미하다

2 접시에 담고 취향에 따라 소금, 미소 등을 곁들인다.

샐
러
드

드레싱이 없어도 샐러드를 만들 수 있습니다. 채소를 씻으면 천으로 수분을 완벽하게 제거한 뒤에 버무리는 것이 포인트입니다. 오일로 표면에 막을 만든 뒤 소금, 그리고 마지막 식초의 순서대로 잘 섞어가며 버무립니다. 가장 간단하고 경제적인 최상의 방법이죠.

혹시 전날 잎채소를 씻었을 경우에는 천으로 감싸 냉장고에 넣어두면 다음 날에는 수분이 빠진 상태라 아삭하니 좋습니다. 가족들이 각자 다른 시간에 식사를 하거나, 자취를 하기 때문에 다음 날 먹을 분량까지 한꺼번에 만들어두고 싶을 때는 오일 코팅까지 하여 냉장고에 넣어두면 좋은 상태로 보관할 수 있습니다. 먹기 직전에 잎채소에 나머지의 간을 하면 신선하게 즐길 수 있어요.

1

오일을 더하다

채소를 오일에 버무리다.

"깊은 볼에 손질한 재료를 넣습니 →
다. 슬라이서를 사용하여 볼에 재
료를 직접 썰어내면 설거지가 줄
어듭니다. 오일을 몇 번에 나누어
더하면서 바닥에서부터 전체의 채
소를 손으로 뒤집어가며 버무려
표면을 코팅합니다. 이렇게 해두
면 소금 등의 간이 표면에 잘 스며
듭니다."

2

조
미
하
다

염분, 산미의 순으로 더하여 버무리다.

"소금(간장의 경우에는 마지막에)을 더
하여 잘 버무립니다. 젓가락과 손
으로 양방향을 가볍게 뒤집어주
듯 섞어주면 됩니다. 드레싱 없이
도 샐러드를 손쉽게 만들 수 있습
니다."

요 리 에

양배추와
오이 샐러드

1

오
일
을
더
하
다

양배추 1/3개 (채 썰기)
오이 2개 (얇게 슬라이스)
비트(소) 1개 (1/4 하여 얇게 슬라이스)
양파(중) 1/2개 (얇게 슬라이스)

↓

깊은 볼에 재료를 넣고 오일을 더하여 버무린다.

2

조
미
하
다

소금 1작은술
애플 비니거 1/2작은술
간장 적당량

↓

소금, 애플 비니거 순으로 더하며 무친다.
간장은 가까이에 두고 먹을 때 취향에 따라 더한다.

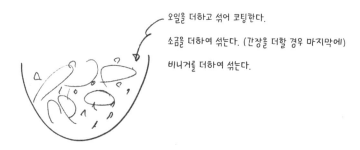

오일을 더하고 섞어 코팅한다.

소금을 더하여 섞는다. (간장을 더할 경우 마지막에)

비니거를 더하여 섞는다.

칡으로 마무리

칡 전분을 물에 풀어서 요리에 더하면 걸쭉해지면서 맛있게 완성됩니다. 저에게 있어서는 소중한 식재료죠. 물기가 많은 찜 볶음 등에 칡을 풀어서 더하면 보기에도 윤기가 돌 뿐만 아니라 걸쭉함이 더해져 맛이 좋아집니다. 포토푀와 같은 요리도 가볍게 점성을 더하면 입안에 넣을 때 깔끔한 스프와는 또 다른 깊이의 매력이 생깁니다.

소테에도 사용할 수 있습니다. 예를 들어 가지를 소테로 요리해 마늘 오일+간장+발사믹 식초로 간을 한 뒤 마무리로 칡 전분을 가볍게 푼 물을 더해 섞으면 단번에 소스가 완성됩니다. 여러 종류의 채소를 찌듯이 볶다가 물을 조금 더하고 간장, 화이트 발사믹 식초로 간을 맞춘 뒤 칡 전분을 푼 물을 더하여 삶은 우동에 올리거나, 찐 감자에 올리면 걸쭉하고 맛있는 소스가 되죠. 칡 전분을 푼 물을 냄비에서 가열하는 쿠주네리(葛練り)에 메이플시럽이나 간장을 더하면 미타라시 당고(みたらし団子)

느낌도 나고 코코넛밀크와 바나나, 코코넛슈가를 더하면 디저트도 됩니다.

칡 전분을 물에 푸는 분량은 걸쭉한 느낌부터 묽은 느낌, 살짝 걸쭉한 느낌 등 취향대로 정하면 됩니다. 잘못 넣어도 문제는 없기 때문에 꼭 가까이에 두고 활용해보세요. 제품을 고를 때는 칡뿌리 100% 함량인 것으로 하고요. 조금 비싸긴 해도 배가 따뜻해져 기운이 좋아진답니다.

※ 찜 볶음에 칡을 더하는 예

쥬키니와 감자, 토마토 찜 볶음

스틱형으로 썬 쥬키니와 감자를 올리브 오일에 찌듯이 볶다가 도중에 토마토를 더하여 잘 섞는다. 푹 익으면 미소를 더하여 잘 섞은 뒤 맛을 보고, 칡 전분을 푼 물을 더하여 강한 중불에서 투명해질 때까지 저어준 뒤 불을 끈다. 칡가루를 푸는 비율은 칡가루 1큰술에 물 4~5큰술. 물을 적게 할 경우나 많이 할 경우에도 마찬가지다. 결국 대충해도 괜찮다. (칡으로 마무리하는 요리는 p.126, pp.144~146 참조)

요리를 맛있게 해주는 마법의 타월

"식재료에 천천히 잔열을 더하기 위함"과 "완성 후의 보존". 이 두 가지를 위해 제가 긴히 쓰고 있는 것이 '마법의 타월'입니다. 조금 과장해서 마법이라고 말하고 있지만, 사실 헌 타월이에요. 2~4장을 겹쳐서 포대기처럼 냄비를 감싸 사용합니다. 타월 이외에 면 소재의 두꺼운 천도 괜찮습니다.

우선 조리 도중에 잔열로 익히는 방법으로, 식재료가 익으면 불을 끄고 타월을 덮어 그대로 3분 정도 둡니다. 그다음 다시 불을 붙여 끓어오르면 조미하여 마무리합니다. 이 수고 하나로 재료에 열이 천천히 전해지게 되면서 요리가 정말 맛있게 완성됩니다. 시간 여유가 있을 때는 '찜 볶음'이나 '찜 조림'에도 꼭 시도해보세요.

두 번째로 요리 완성 후 냄비를 감싸 보온하는 방법입니다. 이렇게 해두면 장시간 요리가 따뜻한 채로 보존되기 때문에 가족이 늦게 귀가해도 쉽게 요리를 데울 수 있어 가스

비도 절약되죠. 또한 그사이 맛이 천천히 응축되면서 재료에 간이 잘 배어듭니다. 차를 끓일 때에도 티폿에 천을 감싸두면 열이 보존되어 차를 천천히 즐길 수 있습니다. 뚝배기도 물론이지만 어떤 재실에도 효과적이므로 한번 시도해보세요.

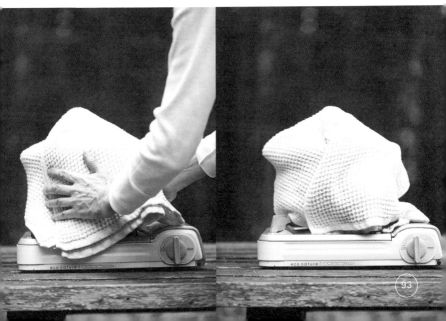

10대에서 20대 초반 즈음, 쌀은 살이 찐다고 생각해서 밥공기로 한 그릇 정도만 가볍게 먹곤 했습니다. 그렇지만 지금은 고봉밥으로 가득 올려 먹죠. 사실 밥은 살이 찌기는커녕 건강하게 살이 빠지는 것을 돕는 데다가 미각에도, 몸에도 높은 만족감을 주기 때문에 식사의 기본이라는 점을 실감합니다. 밥에 미소와 절임 반찬만 있으면 일종의 완벽한 한 끼가 아닐까 합니다.

스스로 요리하면 염도도 취향에 따라 조절할 수 있어 안심이 되기 때문에 조금 멀리 산책을 나갈 때는 꼭 주먹밥을 가져갑니다. 최근에는 주먹밥보다 더 편하게 만들 수 있는 '누름밥'으로 챙기곤 해요. 납작하기 때문에 가지고 다니기에도 먹기에도 좋아서 꽤 괜찮습니다.

보통 밥은 쌀의 맛이 깊은 오분도미(도정의 정도에 따라 쌀겨층을 완전히 벗겨낸 것을 십분도미, 70%만 벗겨낸 것을 칠분도미, 쌀겨층을 50%만 벗겨내어 쌀눈을 남겨둔 것을 오분도미라고 한다.—옮긴이)로 짓고 있습니다. 밥이 남으면 종이 포일에 감싼 뒤 용기에 넣어 냉장이나 냉동을 하고, 먹을 때 꺼내어 종이 포일째 찝니다. 가끔 생각나는 현미는 뚝배기나 압력·세라믹 내솥으로 지어서 보온 밥솥에 넣어둡니다. 일명 현미효소밥으로, 아주 편리하고 날이 갈수록 더 맛있어질뿐더러 1주일 동안 보온해두어도 되기 때문에 언제나 따뜻한 상태로 먹을 수 있습니다.

매 일 의   밥 상 。

별것은 없더라도
밥은, 기본으로

매일의 식사에 별것은 없더라도 일단 밥을 지어두면 안심이 됩니다. 만족도가 높아 위도 마음도 충족되지요. 우리 장내에는 밥을 필요한 영양소로 바꿔주는 장내 세균이 살고 있다고 하니 영양가도 좋습니다. 바빠서 요리를 할 수 없는 분도 집에서 일단 밥을 지어서 염분을 곁들여 먹는 일부터 시작해보세요. 배 속에서부터 힘이 나기 시작하고, 여유가 생기면서 된장국도 끓이게 되는 좋은 사이클이 만들어질 겁니다. 그러면 만족도가 더 높아져 균형도 좋아지고요. 일단은 밥과 된장국을 기본으로 만들어보세요. 그런 다음 시간과 기분에 여유가 생기면 반찬을 한 가지 만들어보고요.

외출할 때는
누름밥

종이 포일에 김을 펼치고 소금을 솔솔, 밥을 평평하게 올려 싼 뒤 눌러서 만드는 누름밥. 손도 그릇도 더럽힐 일이 없어 수도가 없는 다테시나의 오두막에서 시작했던 것이 이어져

요즘은 주먹밥보다 누름밥 파가 되었습니다. 가지고 다니기에도 좋고, 샌드위치처럼 먹기도 편해요. 가운데 으깬 매실이나 미소를 넣기도 합니다.

※ 지라시즈시(ちらし寿司)는 초밥에 여러 종류의 건더기를 합쳐 만드는 스시의 일종이다. 일반적인 지라시즈시는 달걀부침이나 양념한 채소 등을 얹은 초밥이지만, 도쿄나 관동지방에서는 초밥 위에 생선 등을 올린 것을 지라시즈시라 부른다.—옮긴이

[만드는 법]

1 화이트 발사믹 식초를 냄비에 넣고 소금을 더해 약불에 올린 뒤 살짝 끓인다(1~3할 정도 양이 줄어들 정도). 고명 A, B, C를 만든다.

2 백미 또는 오분도미로 밥을 짓는다. 만들어둔 식초를 몇 번에 나누어 더하며 주걱으로 가르듯이 섞는다.

3 큰 접시에 2의 초밥을 넓게 펼친 뒤 A, B, C를 순서대로 흩뿌린다.

[재료]   쌀 5컵
           고명 A, B, C (하단 참조)

[조미]   화이트 발사믹 식초 300㎖
           소금 1/2작은술

고명A – 무말랭이 찜 조림

1. 무말랭이 20g을 물에 불려 수분을 꾹 짠 다음 긴 것은 짧게 자른다.

2. 1을 냄비에 넣고 가쓰오 국물 300㎖를 더해 뚜껑을 덮고 중불에 올린다. 끓어오르면 약불로 줄여 찌듯 조린다. 재료가 익으면 간장 40㎖를 더해 조린다.

3. 채반에 건져 조림 물을 빼낸다.

고명B – 톳과 유부 찜 볶음 조림

1. 톳 30g을 물에 불려 가위로 3~4㎝ 길이가 되도록 자른다. 유부 2장을 가로로 3등분 하여 5㎜ 두께로 썬다.

2. 냄비에 올리브 오일을 두르고 톳을 더해 잘 섞은 뒤 뚜껑을 덮고 중불에 올린다.

3. 냄비 안에서 소리가 나기 시작하면 약불로 줄여 중간중간 뒤섞는다. 톳에 오일이 스며들면 유부와 가쓰오 국물 400㎖를 넣어 조린다.

4. 톳이 익으면 간장 50㎖를 더해 끓인 뒤 마지막에 뚜껑을 덮어 살짝 조린다. 채반에 건져 물기를 뺀다.

고명C – 껍질 강낭콩 찜

1. 냄비에 물을 받아 종이 포일에 싼 껍질 강낭콩을 넣고 뚜껑을 덮어 중불에 올린다. 끓어오르면 약불로 줄여 찐다.

2. 재료가 익으면 평평한 채반에 펼쳐 식힌 뒤 꼭지를 제거하고 비스듬하게 썬다.

채소를 조리며
맛국물을 동시에

매일 국물을 내는 것은 시간도, 가스비도 들기에 꽤나 힘든 일입니다. 저 같은 경우에는 다시마, 말린 멸치, 가쓰오부시 등을 채소와 함께 냄비에 넣고 찌듯이 조려 여러 가지 맛이 함께 나는 국물을 한 번에 만들어버리죠.

예를 들어 포토푀나 채소 조림을 만들 때 국물을 낼 다시마와 멸치를 함께 넣고 처음부터 많은 양을 만들어둡니다. 완성이 되면 조림과 국물을 나눕니다.

그러면 조림은 요리로서 즐기고, 국물은 냉장고에 보관하여 다른 요리에 응용할 수 있습니다.

냄비 요리 단계에서는 조미하지 않고, 조림도 포토푀도 식탁에 소금이나 미소 등을 두고 곁들여가며 먹기를 추천합니다. 맛이 깔끔하기도 하지만, 남은 재료나 스프(맛국물)의 이용 범위도 넓어지니까요. 저장할 때는 완전히 식힌 뒤에 냉장 또는 냉동 보관을 해주세요.

〔 응용 1 〕

포토푀의 국물까지
즐긴다.

냄비에 다시마와 멸치, 양배추와 순무를 넣고 물을 더해 뚜껑을 덮고 찜
조림으로 만듭니다. 보글보글 끓이며 익혀 양배추가 완전히 부드러워지
면 완성입니다.
접시에 밥을 담고 포토푀를 위에서 붓는 느낌으로 담아냅니다. 소금, 미
소, 후추 등 취향에 따라 더해가며 먹습니다.

[응용 2]

채소는 조림으로,
맛국물은 스프로.

앞서 요리한 포토푀를 스프와 조림으로 나
누어서 먹습니다.
스프에는 소금과 향미 채소를 더하고, 양
배추와 순무의 조림에는 홀그레인 머스터
드에 올리브 오일, 간장을 곁들여 먹습니다.

[응용 3]

저장해둔 맛국물은
미소국으로.

포토푀의 순무와 스프를
작은 냄비에 넣어 미소를
더한 뒤 데우면 손쉽게 미소
국으로 만들 수 있습니다.

종이 포일로 감싸 보관한다.

겨울에는 소송채, 시금치, 경수채, 쑥갓 등 푸른 채소가 풍부합니다. 봄에는 그에 질 새라 노라보우나(のらぼう菜), 유채꽃, 갓 등이 자라나죠. 푸른 채소가 적은 여름에도 몰로헤이야(중근동이나 북아프리카 산지의 채소—옮긴이), 말라바 시금치 등 귀중한 작물들이 자라고요. 제철의 푸른 채소는 맛이 좋을뿐더러 몸의 상태를 조절해주기도 합니다. 요리도 손쉽게 할 수 있고요.

푸른 채소를 요리하는 방법은 여러 가지이나 우선 데쳐두면 기분에 따라 맛을 즐길 수 있습니다. 끓는 물에 데쳐서 따뜻할 때 오일로 코팅을 해두면 식어도 맛이 좋고 냉장 보관도 가능합니다. 간장을 뿌리기만 해도 충분히 맛이 좋고, 슬라이스 한 양파를 더하여 식초와 소금을 넣고 샐러드처럼 먹을 수도 있고요. 유부를 구워서 간장을 더하면 양도 풍성해집니다. 남자분들에게도 인기가 좋더라고요.

(데치는 요리는 p.129, p.135, p.142 참조)

〔 p.105 상단 〕

냄비에 물을 끓여 소금을 한 꼬집 넣고 푸른 채소를 옆으로 눕혀 젓가락으로 잡고서 살랑살랑 흔들어준다. 전체에 색이 돌면 평평한 채반에 올린다. 물에 씻어내거나 물기를 짜낼 필요는 없다.

〔 p.105 하단 〕

아직 뜨거울 때 올리브 오일에 버무려두면 바로 먹을 때는 물론, 시간이 지나도 맛이 유지된다. 냉장고에서 4~5일 보관 가능.

면을 요리할 때는 보통 배가 너무 고프다거나, 지금 바로 무언가 먹고 싶은 경우죠. 저는 '가쓰오부시 파우더'를 이용해서 멘쯔유 없이 요리해 먹습니다. 냉동해둔 가쓰오부시(하나가쓰오) 봉투를 손으로 잡고 꾸깃꾸깃 눌러가며 부셔 파우더 형태로 만들어두면 조림 요리, 채소 볶음의 마무리, 카레의 마무리 등 모든 요리에 활용할 수 있습니다. 면 요리도 가쓰오부시 파우더를 사용하면 즉석에서 꽤 괜찮은 맛을 낼 수 있습니다.

따뜻한 면이 먹고 싶을 때는 볼에 가쓰오부시 파우더와 간장을 넣고 뜨거운 물을 부은 뒤 삶은 면을 넣기만 하면 완성. 또 하나는 면을 삶고 찬물에 헹궈 물기를 빼낸 뒤 접시에 담고 올리브 오일, 가쓰오부시 파우더, 대파 등의 고명을 더하여 비벼 먹는 것. 이건 정말 최고입니다. 가끔은 발사믹 식초를 더하거나, 올리브 오일을 참기름으로 바꾸기도 합니다. 면은 소면, 우동, 소바 등 먹고 싶은 느낌에 따라 다르겠지만, 기본적으로 가쓰오부시 파우

더와 간장이면 충분합니다.

우리의 미각은 매일 몸의 상태에 따라 변화합니다. 간장이나 가쓰오부시의 가감도 자신의 상태에 따라 조절할 수 있다면 딱 맞는 맛을 얻을 수 있겠죠. 멘쯔유 없이 가쓰오 국물과 간장만으로 무한한 맛의 세계를 즐겨보세요. 간단하니까요.

가쓰오부시 파우더는 냉동 보관하세요. 조림이나 카레 등 직접적으로 먹고 싶지 않거나 깔끔하게 완성하고 싶을 때는 가쓰오부시 파우더를 티백에 넣어 사용합니다.

〔 p.106 상단 〕
푸른 채소같이 빨리 익는 채소는 면과 함께 삶아서 올리면 색감도, 맛도 아름다워서 만족도가 높아진다.

냉장고에 아무 것도 없어도 요리할 수 있도록 도와주는 상비품. 남은 채소가 아까워 말려두는 것에서 시작하였지만, 손쉽게 사용할 수 있고 응축된 맛도 좋아 지금은 일부러 제철의 채소를 대량으로 사들여 말리기도 합니다. 늦가을부터 겨울, 초봄까지 실내의 습도가 30~40%정도인 시기가 적절합니다. 밖에서 말리는 것이 이상적이지만 도시에서는 실내에서 말리는 것이 위생적이겠죠.

※ 건채소의 재료와 만드는 법

무, 연근, 돼지감자, 우엉, 버섯류는 늦가을에 얇게 썰어 말립니다. 새송이버섯같이 두꺼운 것은 손을 사용해 세로 방향으로 찢습니다. 팽이버섯 같은 경우에는 풀어헤쳐서 길이를 반으로 썰어두면 그대로 요리에 쓸 수 있습니다. 사과 등의 과일도 얇게 썰어 말리면 그대로 간식이나 요리의 포인트로 쓸 수 있습니다. 종이 포일로 만든 봉투에 넣어 상온에서 보관하세요.

종이 포일은 크기를 맞추어 접은 뒤 봉투형으로 만들어 스테이플러로 고정합니다. 심이 입으로 들어가면 위험하므로 몇 군데 사용했는지 확인하며 작업하세요.

말린 연근죽

[만드는 법]

말린 연근을 손으로 부셔 씻은 쌀, 물, 소금과 함께 짓습니다. 끓을 때까지는 중불, 끓은 뒤에는 약불로.

[재료]　쌀 1컵
　　　　　말린 연근 10조각
　　　　　물 6컵

[조미]　소금 1/2작은술

양배추 소금 절임

[재료와 만드는 법]

양배추를 적당한 크기로 썰어 큰 볼에 담고 소금을 뿌린 뒤 손에 체중을 실어 소금이 잘 배도록 꾹꾹 주무른다. 수분이 나오면 애플 비니거를 취향에 따라 넣은 뒤 보관용기에 즙과 함께 담아 냉장 보관한다. 2~3일 후부터 먹을 수 있다. 날이 지날수록 절어지면서 맛도 깊어진다. 2~3개월 보관이 가능하므로 한 번에 많이 만들어두면 좋다.

• 소금은 양배추 양의 2~3%, 계절에 따라 양배추 자체의 수분량이 다르므로 유연하게 조절한다.
• 소송채나 갓 등의 푸른 채소도 같은 요령으로 소금에 절인다. 소독한 보관용기에 넣어두면 부패나 곰팡이 방지도 된다. 꾹꾹 눌러 담아 푹 잠기게 한다. 취향에 따라 마늘이나 다시마, 말린 고추 등을 넣어도 좋다.

절임 반찬이 식탁에 있으면 식사에 강약이 생기고 요리에도 활용할 수 있기 때문에 아주 귀중합니다. 소금 절임 채소는 시간이 경과함에 따라서 맛도 변화하므로 매일 다른 맛을 즐길 수 있죠.

무 소금 절임

[재료와 만드는 법]

무를 3㎜ 두께로 둥글게 썰고 무게의 3%정도에 달하는 소금을 뿌린다. 용기에 꾹 눌러두고 무에서 물이 나오기 시작할 때부터 먹는다. 장기 보관할 경우에는 소금의 양을 늘린다.

소송채 소금 절임을 다져 맛국물 또는 뜨거운
물을 더해 살짝 끓이면 즉석 스프가 된다. 간이
부족하면 소금이나 간장을 더해 맞춘다.

양배추와 양배추 소금 절임 찜 볶음

[만드는 법]

냄비에 올리브 오일을 두르고 큼직하게 썬 양배추
를 넣어 섞은 뒤 뚜껑을 덮어 찌듯 볶는다. 양배추
가 익으면 소금에 절인 양배추를 소금 대신으로 더
하고 잘 뒤섞어 완성한다.

[재료]   양배추

[조미]   올리브 오일
          양배추 소금 절임

고야두부를 무척 좋아해서 조림에는 물론 찜 볶음에도 사용합니다. 채소 등의 재료에서 나온 맛 좋은 국물과 간장 등의 조미료를 흡수한 데다, 대두의 맛이 응축되어 있기 때문에 만족스러운 요리가 됩니다.

이전에 두부를 너무 많이 사버려 남았을 때 개봉하지 않은 것을 팩째로 냉동해두었습니다. 나중에 해동해보니 부드러운 고야두부가 되어 있더군요. 부드럽게 위아래를 손으로 눌러 수분을 짜내면 완벽한 고야두부입니다.

요즘은 고야두부를 제조할 때 부드럽게 하기 위해서 화학약품을 사용하거나 원재료인 대두의 유전자를 조작하는 일도 있습니다. 브랜드나 원재료를 알 수 있는 두부로 직접 고야두부를 만들 수 있다는 건 정말 다행인 일이죠. 쓰고 남은 두부는 꼭 냉동해두세요. 집에서도 맛있는 고야두부를 만들어보세요. (고야두부를 사용한 요리는 p.56을 참조)

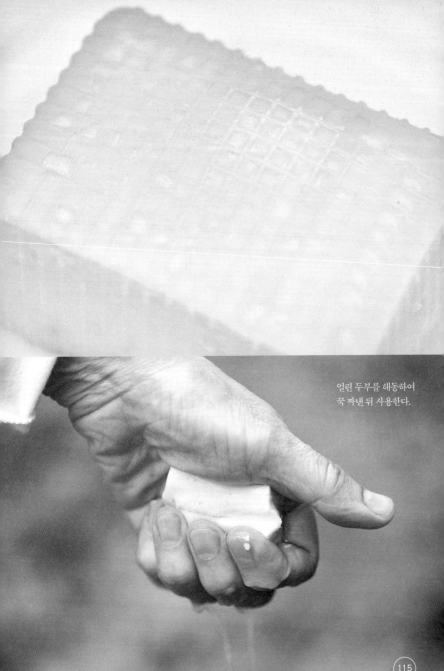

얼린 두부를 해동하여
꾹 짜낸 뒤 사용한다.

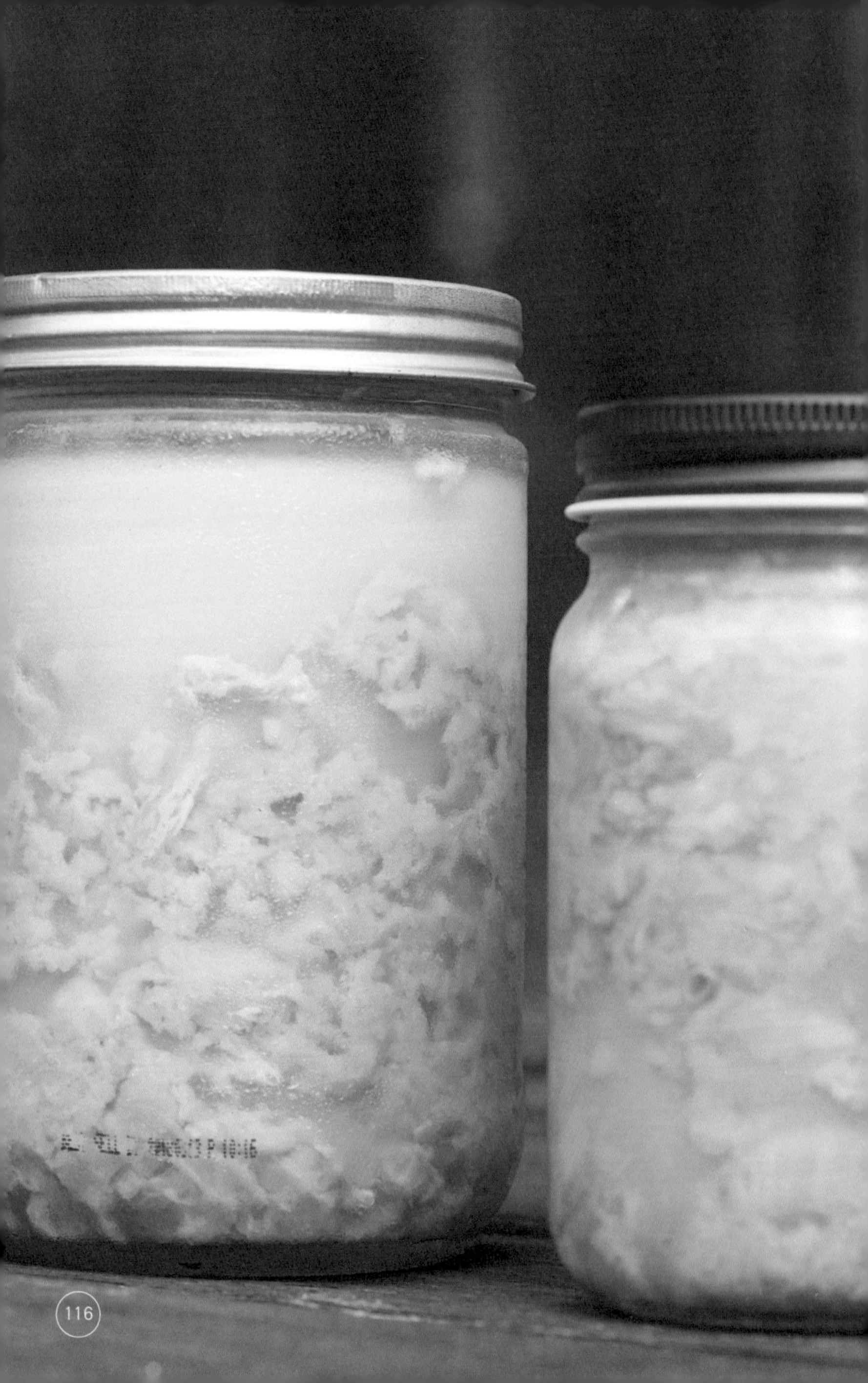

요리의 감칠맛에 깊이를 주고 싶을 때 마무리로 넣으면 훌쩍 맛이 좋아지는 것이 바로 마늘 오일. 너무 편리해서 상비품이 적은 제게 빼놓을 수 없는 아이템입니다.

마늘은 맛도 향도 좋지만, 사용할 때마다 껍질을 벗기는 것이 귀찮지요. 각오를 하고 한 번에 잔뜩 만들어 병에다 냉장 보관하면 1년 이상은 편하게 지낼 수 있습니다. 관동지방에서 수확 후 말려진 마늘이 농가로부터 도착하는 것은 6월 말부터 7월경. 그때부터 10월경까지가 마늘 오일을 담글 시기입니다.

마늘은 껍질을 벗기고 심이 딱딱한 부분을 칼로 도려냅니다. 큰 프라이팬에 빼곡하게 담고 잠길 정도로 올리브 오일을 부은 뒤 뚜껑을 덮습니다. 마늘 300g에 올리브 오일 500ml가 기준입니다. 아주 약한불(가능하면 화력 조정용의 플레이트를 사용하여)에서 50~60분 정도 가열하면 포크로 눌러 부서질 정도로 부드럽게 됩니다. 그대로 식혀 잔열이 모두 사라지면 포크로 완전히 으깨줍니다. 오일이 식으면 잘 섞은 뒤 입구가 크고 소독된 병에 담습니다. 냉장고에서 1년 이상 보관 가능합니다.

사용하기 직전에 냉장고에서 꺼내어 숟가락으로 퍼서 사용하면 됩니다. 사용한 뒤에는 바로 냉장고에 넣어주세요. 올리브 오일이 녹을 정도의 상온에서 방치하지 않는 것이 맛을 오래도록 보존하는 비결입니다.

(마늘 오일을 사용한 요리는 p.134, p.140, p.144, p.146 참조)

마늘 오일은 냉장고에 보관한다. 꺼낸 직후엔 올리브 오일이 굳어 있지만 냄비에 넣으면 바로 녹는다.

몸이 원하는
소금의 양은 매일 다르다

각자가 맛있다고 느끼는 소금이나 염분의 양은 계절이나 기후, 그날의 활동에 따라 큰 차이가 있습니다.

저는 결혼한 지 37년이 되었습니다만, 배우자만 보아도 저와는 몹시 달라 신기합니다. 저희 집에서는 하루의 첫 식사로 생채소 샐러드를 먹습니다. 강아지 가족도 샐러드를 즐겨 먹기 때문에 샐러드볼에 한가득 만듭니다. 올리브 오일로 버무린 뒤 각자의 그릇에 나누어 양파를 더하고(강아지는 양파를 먹으면 안 되니까요.), 소금, 애플 비니거, 간장을 각자가 원하는 양만큼 더합니다. 매일의 패턴이죠. 염분은 각자가 그날그날 원하는 양만큼 더해야 좋다는 이유 때문입니다.

봄이나 가을 등 기온이 안정되어 있을 때는 소금은 조금, 비니거도 살짝, 간장은 비교적 넉넉히 사용합니다. 한여름에는 소금을 넉넉히 뿌리는 편인데, 채소 위가 하얗게 될 정도라 스스로도 놀라요. 비니거도 듬뿍. 그렇다고 너무 짜지도 않고 간이 딱 알맞은 느낌입니다. 겨울이 되면 소금보다 간장의 염분을 원하게 되어 간장을 많이 넣게 됩니다.

배우자로 말할 것 같으면 양파의 양은 저보다 많이 넣고, 비니거도 기본적으로 저보다 많습니다. 소금은 저보다 적게, 간장도 적게. 그래도 여름에는 평소보다는 많이 넣게 되지만요. 저희 집의 식탁에는 소금을 넣은 용기와 간장병을 꼭 내놓습니다. 자신의 입맛에 따라 완성된 요리에 더할 수 있게 하기 위해서입니다. 이 방법은 저의 요리 교실에서도 제안하고 있는데, 꽤 반응이 좋아 모두 식탁 위에 소금과 간장이 정착하고 있는 듯합니다. 몸의 상태도 좋아진다고 해요.

　소금은 요리에 있어 필수불가결한 조미료이지만 단순히 맛을 더하는 이상의 의미로서 우리의 몸과 마음에 영향을 끼칩니다. 우리의 혈액, 소화액, 림프액 등의 체액은 태고의 바다와 같은 염분 농도인 0.9% 퍼센트 정도일 때 막힘없이 건강하게 살 수 있는 체계로 되어 있기 때문입니다. 운동을 해서 땀을 흘리면 그만큼의 염분을 원하게 되고, 염분은 뇌에서부터의 정보 전달을 원활히 해주는 역할도 합니다. 다양한 부분에 영향을 미치고 있죠.

　거기다 염분은 체온을 만들어내는 근원이어서 이것이 부족하면 저체온 상태가 됩니다. 현대인은 유해 물질에 노출되기 쉬운 환경에 살고 있는데, 체내의 유해 물질은 몸속이 태고의 바다와 같은 염분 농도일 때 해소될 수 있다고 합니다. 각자의 몸에 맞는 적절한 염분이 체내를 고대의 바다와 같게 만들어주는 것이지요. 그리고 그 기준은 각자의 욕구에 따르는 것이 제일입니다.

겨울 오이가
몸에 맞지 않는 이유

저는 추운 계절에는 물론이거니와 더운 여름에도 "몸을 따뜻하게 하세요. 차가워지지 않도록"라고 내내 말합니다. 왜 이렇게 계속 말을 하는가 하면, 배 속이 훈훈하게 따뜻하면 모든 일이 잘 풀리기 때문입니다. 억지로 노력하지 않아도 집안일도 바깥일도, 공부도 잘 되고 아무런 좋은 일이 없어도 입꼬리가 올라가며 행복을 느낄 수 있으니까요.

어째서 배 속을 따뜻하게 하면 모든 일이 잘 풀릴까요. 우리의 몸과 마음이 생리적으로 그렇게 체계화되어 있기 때문입니다. 배 속이 37℃ 정도로 따뜻해지면 장내 세균의 균형이 아주 좋아집니다. '유익균 2:유해균 1:기회주의적 병원균 7'의 균형일 때죠. 유익균이 좋아하는 온도는 37℃, 유해균은 35℃입니다. 기회주의적 병원균은 둘 중 세력이 우세한 쪽으로 기웁니다.

유익균이 우세할 때 섭취한 것이 효율 좋게 혈액으로 변환됩니다. 그리고 장내 세균의 움직임은 비타민, 호르몬, 효소를 만드는 일과도 관계되어 있습니다. 호르몬이나 효소는 우리 몸의 생리가 잘 돌아가도록 역할 합니다.

장내 세균은 마음에도 큰 영향을 끼칩니다. 스트레스를 심각하게 받아들이지 않고 어떻게든 될 것이라고 마음먹게 되는 것은 장내 세균이 그렇게 생각할 수 있는 물질을 뇌에서 보내도록 준비해주기 때문입니다. 그러니 배 속에서부터 몸을 따뜻하게 하는 일이 중요한 것입니다.

몸을 차갑게 하지 않기 위해서는 복장이나 실내 환경 등의 배려도 중요하지만, 효과가 바로 나타나는 것은 음식입니다. 의외로 모두가 무의식적으로 먹고 있는 것이 냉기의 원인이 되기도 하죠. 음식에도 몸을 데워주는 요소와 차갑게 하는 것이 있다는 사실을 조금만 알아두어도 몸을 따뜻하게 할 수 있습니다.

예를 들어 오이. 슈퍼에서 일 년 내내 볼 수 있지요. 하지만 원래 오이는 장마가 끝날 때부터 무럭무럭 자라나, 우리의 몸이 장마 후의 강렬한 태양을 쬐고 더위를 참지 못할 때쯤 가지가 휘도록 열매를 맺습니다. 오이에는 달아오른 우리의 몸을 시원하게 해주는 성질이 있어 한여름에 오이를 먹는 건 우리의 몸에 아주 딱 맞는 일입니다.

하지만 겨울에 오이를 먹으면 아무리 몇 겹의 울 스웨터를 입고 있다고 한들 배 속이 차가워지므로 장내 세균에도 혼란이 오게 됩니다. 겨울에는 겨울에 건강하게 자란 무와 같은 작물이 몸에 맞습니다. 봄이나 가을 같은 계절의 이동 시기도 있습니다. 봄에는 겨울의 흔적이 있는 식재료에 조미료를 활용하여 산뜻한 봄 느낌의 요리로, 가을에는 여름의 작물을 따뜻하게 요리하는 조리법이나, 조미료를 연구하여 맛있게 먹되 몸을 차갑게 하지 않도록 신경 써보세요. 결코 그리 어렵지는 않습니다.

제철의 채소를 먹으면 좋은 점은 일단 맛이 좋다는 것이 첫 번째죠. 동시에 식물이 호응하는 계절에 우리 인간의 몸이 호응하기 때문에 추운 계절에는 추운 시기에 잘 자라는 것을, 더운 시기에는 더운 시기에 잘 자라는 것을 먹으면 몸에 딱 맞음을 느낄 수 있답니다.

이번 장은 저의 식사 일기를 바탕으로 구성되어 있습니다. 〈찜 볶음〉, 〈찜 조림〉, 〈소테〉, 〈찜〉, 〈샐러드〉 등 pp.50~93에서 소개한 조리법으로 매일의 식사를 만들고 있기 때문에 여기서는 알기 쉽도록 '조리법, 요리를 어떻게 만드는가, 재료, 조미료'로 나누어 소개하고 있습니다. 매일의 식사를 만드는 일이 막막하다면 이 일기를 봐주세요. 봄, 여름, 가을, 겨울 제철의 채소를 어떻게 요리해 먹는지 힌트로 삼아보세요. 또 메모란도 만들어두었으니 재료의 조합이나 조미의 연구 등 알게 된 것을 적어서 자신만의 레시피를 넓혀가본다면 기쁘겠습니다.

봄
여름
가을
겨울

　가족들의 식사를 매일 만들지 않으면 안 된다. 혼자 살기 때문에 스스로 밥을 하지 않으면 안 된다. 더군다나 일이 바쁘면 무얼 만들어야 할지 생각하는 것조차 귀찮고 시간도 없다. 그러한 가운데 가공품에 의존하고 싶어지는 기분은 잘 압니다. 하지만 머리 한구석에선 이러면 안 되지 않을까 하는 생각도 들겠지요.

　저는 스스로와 가족의 식사를 만들어온 지 40년 가까이 됩니다. 되돌아보면 간단한 요리밖에 하지 않았기 때문에 이렇게 긴 시간 동안 질리지 않고 계속할 수 있었다고 생각합니다.

　이것은 제가 매일 제철의 채소와 냉장고에 있는 재료로 만든 요리로. 그때그때 대충 촬영한 비망록 같은 식사 일기이지만 그날의 기분에 따라 저와 가족에게 만들어준 요리로 가득합니다. 간장이나 미소로 맛을 내기 위해서, 잘 익히기 위해서, 제철의 먹거리만 사용하기 위해서라는 소박한 이유의 반복입니다. 하지만 정말로 맛이 좋으니 괜찮다면 여러분도 시도해보세요. 이런 느낌의 간단한 요리로, 애쓰지 않고 맛있게 식사하시기를!

무 소테와 케이퍼 칡 소스

3월 4일 / 소테 /

냄비에 올리브 오일을 두르고 불에 올려 김이 살짝 보이면 무를 소테로 조리해 8할 정도 익을 때 뒤집어준다. 물을 더하여 찜 구이로. 무가 완전히 익으면 꺼내고, 케이퍼 소금 절임을 다져서 넣는다. 살짝 끓기 시작하면 칡 전분을 푼 물을 더하여 저어주며 투명해질 때까지 가열한다. 무를 그릇에 담고 소스를 올린다.

재료 무, 칡가루
조미 올리브 오일, 케이퍼 소금 절임
• 취향에 따라 말린 허브나 소금을 더해도 좋다.

연근 생아몬드 무침

3월 8일 / 소량의 물로 찜 조림 /

연근을 소량의 물로 찜 조림하여 올리브 오일로 코팅한다. 생아몬드를 제분기나 믹서기 등을 사용하여 갈아내어 버무린다. 소금을 뿌려 잘 섞는다.

재료 연근
조미 올리브 오일, 생아몬드, 소금
• 생아몬드는 No Fry, No Salt의 것을.

마로 만든 매시트포테이토

3월 18일 / 찜 /

혼자 밥을 해먹을 때는 '찜'이 제일이다. 잔반과 남은 밥을 각각 종이 포일에 싸고, 마도 썰어서 종이 포일에 싼다. 냄비에 물, 종이 포일 한 장을 먼저 깐 뒤 그 위에 각각을 올려 찐다. 단번에 전부 완성되는 요리. 마는 잘 쪄지면 뜨거울 때 으깨어 올리브 오일과 소금을 더한다.

재료 마
조미 올리브 오일, 소금

홍채태（紅菜苔）와 유채꽃 찜 볶음

소금으로 마무리한

3월 23일 / 찜 볶음 /

냄비에 올리브 오일, 재료를 넣고 뒤적인 뒤 뚜껑을 덮어 찜 볶음으로 요리한다. 재료가 익으면 강불로 올려 소금을 더하여 뒤섞으며 마무리한다.

재료 홍채태, 유채꽃
조미 올리브 오일, 소금

삼씨로 마무리한 장마 소테

냄비에 올리브 오일을 두르고 불에 올려 김이 나기 시작하면 작게 썬 장마를 넣어 뚜껑을 덮고 소테로. 중간중간 뒤적이다 완전히 익으면 소금을 더한다. 불에서 잠시 내리고 잔열이 빠지면 삼씨를 뿌린다. 밥에도 어울리지만 사과주와 궁합이 좋다.

재료　장마
조미　올리브 오일, 소금, 삼씨
*삼씨는 참깨로도 대체 가능.

대파 소테

가쓰오부시 간장으로 마무리한

냄비에 올리브 오일을 두르고 불에 올려 김이 나기 시작하면 대파를 넣어 뒤적여가며 익힌다. 오일을 더하고 가쓰오부시 파우더를 넣은 뒤 강불로 올려 섞으며 마무리한 뒤 불에서 내리고 깨를 흩뿌린다. 간장을 소량 더하여 맛 좋게 배 속을 데워준다.

재료　대파
조미　올리브 오일, 간장, 가쓰오부시 파우더, 깨
*깨는 빼도 괜찮다.

순무와 무, 곤약을 넣은 찜 볶음

4월 17일 / 찜 볶음 /

순무와 무를 올리브 오일로 뭉근히 찌듯 볶다가 중간에 곤약, 국물을 내고 남은 다시마를 더하여 천천히 익힌다. 소금, 간장을 반반으로 간을 맞추고 센 불에 섞어가며 완성한다. 별것 없어 보이는 이런 요리가 배 속을 만족시키고 따뜻하게 만들어준다.

재료 순무, 무, 곤약, 국물을 내고 남은 다시마
조미 올리브 오일, 소금, 간장

봄 부추 데침

4월 25일 / 데침 /

얕은 냄비에 물을 끓여 소금 한 꼬집과 부추를 넣는다. 가로로 한 번 돌려준 뒤 뚜껑을 덮어 빠르게 데쳐낸다. 식기 전에 4cm 정도의 길이로 썰고 올리브 오일로 버무린다. 부추 특유의 우아한 향과 단맛 덕분에 이 자체로도 충분히 맛이 좋다. 간장을 조금 뿌려도 좋다.

재료 부추
조미 올리브 오일, 간장

5월 2일 / 소량의 물로 찜 조림 /

껍질 완두콩 두부 무침

볼에 두부, 홀그레인 머스터드, 올리브 오일, 소금, 애플 비니거를 넣어 잘 섞는다. 소량의 물로 찜 조림을 한 뒤 잘 식힌 껍질 완두콩을 더하여 고루 무쳐준다. 밥에도, 와인에도, 일본 술에도 잘 어울린다.

재료 껍질 완두콩, 두부
조미 홀그레인 머스터드, 올리브 오일, 소금, 간장, 애플 비니거

5월 9일 / 찜 볶음 /

백미소로 마무리한
껍질 완두콩과 땅두릅 찜 볶음

냄비에 올리브 오일, 생강을 먼저 찌듯 볶은 뒤 땅두릅을 더해 볶다가 마지막에 껍질 완두콩을 추가한다. 재료가 잘 익으면 백미소를 넣고 불을 끈 뒤 잘 섞어 완성한다. 생강, 땅두릅, 백미소의 단맛이 내는 하모니에 껍질 완두콩의 상큼함이 더해져 맛이 호화롭다.

재료 껍질 완두콩, 땅두릅, 생강
조미 올리브 오일, 백미소

피클 느낌의 우엉 조림

5월 17일 / 찜 조림 /

우엉을 충분한 양의 물에 부드러워질 때까지 찌듯 조린다. 부드러워지면 조려서 수분을 날린다. 뜨거울 때 애플 비니거, 화이트 발사믹 식초를 넣어 잘 섞은 뒤 소금을 충분히 넣어 섞는다. 그리고 간장 세 방울. 뚝딱뚝딱 만들 수 있고 보존성도 좋다. 이가 불편하신 어머니에게도 평이 좋았다.

재료 우엉
조미 애플 비니거, 화이트 발사믹 식초, 소금, 간장

머윗대 찜 볶음

가쓰오부시 파우더와 간장으로 마무리한

5월 21일 / 찜 볶음 /

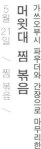

머위의 계절에는 역시 이것. 머윗대는 한 번 데쳐서 껍질을 벗긴 뒤 맛이 잘 어우러질 수 있도록 세로로 썰어둔다. 올리브 오일로 볶다가 기름이 배어들면 가쓰오부시 파우더를 듬뿍 뿌려 섞는다. 간장도 넉넉히 두른 뒤 강불에서 완성하여 깨를 뿌려준다. 밥을 많이 지어두길.

재료 머윗대
조미 올리브 오일, 가쓰오부시 파우더, 간장, 깨

* 깨는 없어도 괜찮다.

여름 무와 깨 샐러드

6월 6일 / 샐러드 /

채 썬 무에 소금을 뿌려 숨이 죽으면 빻은 검은깨를 더하여 버무린다. 생으로 먹기에는 아직 매운 여름 무이지만 소금을 더하면 매운 기가 빠져 맛이 깊어진다. 산뜻함 위에 검은깨의 풍미가 더해져 맛이 좋다.

재료 여름 무
조미 소금, 빻은 검은깨

찐 양배추 머스터드 버무림

6월 10일 / 찜 /

양배추를 종이 포일에 싸서 찐다. 볼에 옮겨 올리브 오일을 더하여 잘 섞는다. 홀그레인 머스터드와 소금, 마요네즈를 더하여 버무린다. 올리브 오일은 넉넉히. 간장은 각자 원하는 만큼 뿌려 먹는다.

재료 양배추
조미 올리브 오일, 홀그레인 머스터드, 소금, 마요네즈, 간장

간장으로 마무리한
고구마와 곤약 찜 볶음

6월 13일 / 찜 볶음 /

냄비에 올리브 오일, 고구마와 곤약을 넣고 뚜껑을 닫어 천천히 찌듯 볶는다. 가끔씩 뒤집어주다 재료가 익으면 맛국물(미소국에서 빌린다)로 희석한 간장을 더하고 불을 올려 저어주며 마무리한다. 미소국을 만들 때 미소를 풀기 전 덜어둔 국물을 사용한다.

재료 고구마, 곤약
조미 올리브 오일, 간장

통상추로 만든 중화풍 샐러드

6월 27일 / 샐러드 /

무와 생목이버섯을 데쳐 식힌다. 통상추를 손으로 찢어 볼에 모두 넣은 뒤 대파와 참기름을 넣어 잘 버무린다. 소금과 대만 흑초를 살짝 뿌린다. 통상추는 지금 잠깐의 순간과 11월경에만 즐길 수 있는 희귀한 식재료다.

재료 통상추, 무, 생목이버섯, 대파
* 목이버섯은 건목이버섯으로 대체 가능.
조미 참기름, 소금, 대만 흑초
* 식초는 취향대로 사용해도 좋다.

여름 무와 팽이버섯 초무침

무를 채 썬 뒤 소금을 뿌려 숨을
죽인다. 팽이버섯은 반으로 썰어
소량의 물로 찜 조림을 한다. 잔열
이 빠지면 무와 함께 올리브 오일
에 버무린다. 애플 비니거와 간장
을 소량 더하여 잘 섞어 마무리.
다음 날이 되면 맛이 더 좋다.

재료 여름 무, 팽이버섯
조미 소금, 올리브 오일, 애플 비니거,
간장

매콤한 미소로 마무리한

첫 가지와 첫 피망 찜 볶음

올해의 첫 가지와 첫 피망이 아주
소량이지만 도착했다. 올리브 오일
에 먼저 생강을 볶고, 다음으로 가
지를 넣어 물을 조금 넣고 찌듯 볶
는다. 가지가 익으면 피망을 넣고
잘 저어 마늘 오일, 미소, 수제 고
추장을 더한 뒤 불을 올려 저어가
며 마무리한다.

재료 가지, 피망, 생강
조미 올리브 오일, 마늘 오일, 미소, 고
추장

감자 소테

7월 19일 / 소테 /

올리브 오일을 넉넉히 두른 뒤 천천히 가열한다. 오일에서 김이 보이기 시작하면 감자를 넣어 뚜껑을 덮는다. 노릇해지면 뒤집어주고 잘 익으면 수제 후추소금을 솔솔 뿌린다. 겉은 바삭, 속은 폭신. 멈출 수 없는 맛이다.

재료 감자
조미 올리브 오일, 수제 후추소금
* 수제 후추소금은 후추와 천일염을 더해 만든다.

말라바 시금치와 미역 오일 무침

7월 29일 / 더침 /

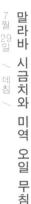

말라바 시금치를 끓는 물에서 데쳐내 식힌 뒤 썰어둔다. 미역을 물에 불려 수분을 천으로 꾹 짜낸 뒤 썰어둔다. 볼에 모두 넣고 올리브 오일로 버무린다. 남은 대파가 있다면 넣어주고, 취향에 따라 간장이나 식초를 더해도 좋다.

재료 말라바 시금치, 미역, 대파
* 말라바 시금치 이외에 몰로헤이야와 같은 여름 채소로 대신해도 맛있다.
조미 올리브 오일, 간장, 식초

단호박 소테

8월 5일 / 소테 /

단호박의 계절이 왔다. 올리브 오일을 이용해 소테로 조리하고 소금, 애플 비니거를 뿌려 강불로 마무리한 것뿐인데 달달하고 약간의 산미가 있어 아주 좋다.

재료 단호박
조미 올리브 오일, 소금, 애플 비니거

가지 찜 볶음

8월 10일 / 찜 볶음 /

토마토 미소 간장으로 마무리한

다테시나의 숲속 산장에서는 가스 버너 두 대로 요리를 하기 때문에 냄비 하나로 효율적이고 맛있게 요리해야만 한다. 가지를 올리브 오일에서 천천히 찌듯 볶은 뒤 큼직하게 썬 토마토와, 마늘 오일, 미소, 간장, 발사믹 식초를 듬뿍 넣는다.

재료 가지, 토마토
조미 올리브 오일, 마늘 오일, 미소, 간장, 발사믹 식초

8월 18일 / 찜 볶음 /

스파이스로 마무리한

채소와 두부 볶음

여주, 감자, 마늘, 두부를 올리브 오일을 넣고 찜 볶음으로 요리한다. 감자가 익으면 피망을 넣고 소금, 수제 후추소금, 가람마살라, 시나몬을 더하여 불을 올리고 저어가며 마무리한다. 살짝 탄 정도가 맛있다!

* 오일은 듬뿍듬뿍.
* 두부는 물기를 잘 빼고 사용한다.

재료 여주, 감자, 마늘, 피망, 두부
조미 올리브 오일, 소금, 수제 후추소금, 가람마살라, 시나몬

8월 30일 / 찜 볶음 /

고추장으로 마무리한

여주와 유부 찜 볶음

여주, 마늘은 올리브 오일을 사용해 찜 볶음으로. 중간에 유부를 더하여 뭉근한 불에서 천천히 익힌 뒤 미소, 고추장을 더한다. 잠시 후 불을 올려 뒤섞어주고 간장을 뿌려 마무리한다. 여주는 씨와 속 모두 사용하고, 마늘은 듬뿍.

재료 여주, 마늘, 유부
조미 올리브 오일, 미소, 고추장, 간장

햇연근 찜 볶음

9월 8일 / 찜 볶음 /

얇게 썬 연근을 올리브 오일로 찜 볶음 한다. 반 정도 익으면 토마토를 더하여 섞어가며 계속 볶는다. 토마토가 으깨지고 연근이 투명해지면 소금을 더하여 저어주고 간장을 살짝 뿌려 맛이 어우러지면 완성.

재료 연근, 토마토
조미 올리브 오일, 소금, 간장

늦여름과 초가을의 조림 요리

9월 13일 / 찜 조림 /

다시마 멸치 육수를 보글보글 끓여 소금 조금, 간장을 넉넉히 하여 간을 맞춘다. 살짝 추운 듯한 다테시나의 밤공기에 딱 어울린다. 피망, 오쿠라, 청가지, 새송이버섯, 단호박, 연근, 간모도키(がんもどき. 유부의 한 종류이며 두부를 으깨어 당근, 연근, 우엉 등과 섞어 기름에 튀긴 요리이다.—옮긴이).

재료 피망, 오쿠라, 청가지, 새송이버섯, 단호박, 연근, 간모도키, 다시마, 말린 멸치
*청가지는 일반 가지로도 대체 가능.
조미 소금, 간장

양파와 가지 찜 볶음

9월 17일 / 찜 볶음 /

오늘도 가지, 양파와 당근을 찜 볶음으로 하여 익으면 피망, 현미미소, 백미소를 더하여 약간 달게 마무리한다. 찐 단호박과 올리브 오일, 소금도 함께.

재료 양파, 가지, 피망
조미 올리브 오일, 현미미소, 백미소

채소 소테와 토마토소스

9월 26일 / 소테 /

연근, 감자, 고구마, 청가지, 피망, 새송이버섯을 올리브 오일을 더해 소테로 요리한다. 토마토는 뭉근히 조려 완전히 뭉개지면 소금, 미소, 발사믹 식초를 조금 넣고 잘 섞어 소스로. 깻잎, 시소잎을 다져서 곁들인다.

재료 연근, 감자, 고구마, 청가지, 피망, 새송이버섯, 토마토, 깻잎, 시소잎
조미 올리브 오일, 소금, 미소, 발사믹 식초

연근과 토란 찜 조림

10월 8일 / 찜 조림 /

연근을 찜 조림으로 조리하여 어느 정도 익으면 토란, 잎새버섯도 더해준다. 재료가 모두 익으면 수분을 날리고 올리브 오일, 소금, 애플 비니거를 순서대로 넣어가며 잘 섞어 마무리한다.

재료 연근, 토란, 잎새버섯
조미 올리브 오일, 소금, 애플 비니거

양파 미소를 더한 감자 소테

10월 15일 / 찜 볶음 /

양파를 3~5mm 두께로 썬다. 올리브 오일을 넣어 찜 볶음으로 요리한 뒤 투명해지면 일단 불을 끈다. 중앙에 자리를 만들어 미소를 넣고 뚜껑을 덮어 보온, 양파가 부드러워지면 다시 불을 붙이고 섞어가며 미소를 익힌다. 마늘 오일, 백미소를 더하고 소테로 만든 감자를 넣어 굴린다. 양파 미소만으로도 반찬이 된다.

재료 양파, 감자
조미 올리브 오일, 미소, 마늘 오일, 백미소

10
월
23
일
／
소
테
／

산초로 마무리한

연근과 토란 소테

연근과 토란을 올리브 오일을 넣고 소테로 조리. 중간에 잎새버섯을 더하여 익으면 소금, 다진 산초 열매로 만든 소금 절임을 넣어 섞는다. 맛이 잘 어우러지면 완성. 지난번과 같은 재료이나 완전히 다른 느낌의 요리이다.

재료 연근, 토란, 잎새버섯
조미 올리브 오일, 소금, 수제 산초 열매로 만든 소금 절임

10
월
30
일
／
번
외
／

생강 간장으로 마무리한

곤약 볶음

곤약에 칼집을 넣어 먹기 좋은 크기로 썬 뒤 냄비에 기름을 두르지 않고 볶는다. 수분이 더 이상 나오지 않을 때 다진 햇생강, 간장을 더하여 잘 저어주며 마무리한다. 소박하나 맛이 좋다.

재료 곤약, 햇생강
조미 간장

오히타시

배추와 팽이버섯 찜으로 만든

11월 3일 / 찜 조림·찜 /

배추와 약간의 물을 냄비에 넣고 팽이버섯은 종이 포일로 감싸 위에 올린다. 찜 조림과 찜을 동시에. 재료가 익으면 멸치 육수와 간장을 부어 담근다. 식어야 맛이 좋다. (오히타시おひたし는 야채를 물에 데쳐서 간장으로 간을 한 요리이다.─옮긴이)

* 다시는 생략 가능하며, 간장만으로도 충분하다.

재료 배추, 팽이버섯
조미 멸치 육수, 간장

쑥갓 들깨 무침

11월 10일 / 데침 /

들깨를 가볍게 볶아 절구에 빻아 꺼내둔다. 쑥갓을 끓는 물에 데쳐 채반에 식힌 뒤 절구에 넣는다. 올리브 오일, 소금, 간장 약간, 들깨는 듬뿍, 순서대로 넣어가며 잘 섞어준다. 쑥갓을 별로 좋아하지 않는 사람도 이 요리라면 좋아할지도.

재료 쑥갓, 들깨
* 들깨는 참깨로 바꿔도 좋다.
조미 올리브 오일, 소금, 간장

컬리플라워와 올리브 열매 무침

11월 20일 / 찜 조림 /

컬리플라워를 찜 조림으로 요리한다. 익으면 올리브 오일을 뿌려 섞고, 둥글게 썬 올리브 열매와 소금을 더하여 섞는다. 마지막으로 애플 비니거를 살짝 더해 섞어주면 완성. 햇와인 보졸레 누보에 딱 어울린다. 컬리플라워도 이 시기만의 즐거움이다.

재료　컬리플라워, 올리브 열매로 만든 소금 절임
조미　올리브 오일, 소금, 애플 비니거

연근 땅콩 무침

11월 29일 / 찜 조림 /

땅콩 페스토에 간장을 살짝 추가한다. 물이나 다시마 물을 조금씩 넣어가며 걸쭉해질 정도로 만든다. 찜 조림으로 만든 연근을 넣고 버무린다.

재료　연근, 물 또는 다시마 물
조미　땅콩 페스토, 간장
* 땅콩 100%의 페스토를 추천한다.

12월 1일 / 찜 볶음 /

찜 볶음

연근과 새송이버섯, 두부로 만든

연근과 새송이버섯은 올리브 오일로 찜 볶음을 한다. 재료가 익으면 두부, 마늘 오일을 넣고 섞는다. 불을 올려 발사믹 식초, 간장을 더하여 섞어준 뒤 옅게 푼 칡 전분 물을 둘러가며 젓고 색이 투명해지면 완성.

재료 연근, 새송이버섯, 두부, 칡가루
조미 올리브 오일, 마늘 오일, 발사믹 식초, 간장

12월 8일 / 소테 /

대파와 만가닥버섯 소테

간장으로 마무리한

냄비에 올리브 오일을 두르고 중약불에 올려 김이 보이기 시작하면 대파, 만가닥버섯을 넣고 뚜껑을 덮어 소테로 요리한다. 가끔씩 저어주다 재료가 익으면 마늘 오일을 두르고 섞어준다. 간장을 뿌려 강불에서 국물을 섞어주면 완성. 대파와 만가닥버섯의 풍미와 마늘, 간장의 궁합이 좋다.

재료 대파, 만가닥버섯
조미 올리브 오일, 마늘 오일, 간장

겨울 채소 찜 조림

냄비에 다시마와 마른 멸치, 배추 듬뿍, 새송이버섯, 감자나 토란, 물을 넣고 찜 조림으로 요리한다. 재료가 익으면 소금으로 간을 맞추고 간모도키를 넣은 뒤 보글보글 부드럽게 부풀 때까지 끓인다. 마지막으로 칡 전분 물을 넣어 익혀주면 완성. 각 재료의 맛이 두드러지면서도 잘 어우러진다. 간단하면서도 품위 있는 맛.

재료 배추, 새송이버섯, 감자나 토란, 간모도키, 칡가루
조미 다시마, 말린 멸치, 소금

연근과 우엉 킨피라

연근과 우엉은 올리브 오일, 물을 소량 넣고 찜 볶음을 한다. 완전히 부드러워지면 발사믹 식초를 넣어 저어주고, 간장을 넣어 강불에서 뒤섞어가며 수분을 날려 완성한다. 씹는 재미가 있는 킨피라(きんぴら. 반찬의 하나로 채친 재료를 설탕, 간장을 이용해서 달짝지근하게 볶은 요리.—옮긴이).

재료 연근, 우엉
조미 올리브 오일, 발사믹 식초, 간장

버섯과 대파를 올린 두부 소테

1월 9일 / 찜 볶음 · 소테 /

만가닥버섯, 대파는 올리브 오일을 사용해 찜 볶음으로 요리한다. 재료가 익으면 잣, 마늘 오일, 간장을 더하고 잘 섞어 완성. 두부에 칡가루(고운가루)를 묻혀 올리브 오일을 넣고 소테로 요리한다. 양면을 노릇하게 굽는다. 접시에 두부를 담고 버섯과 대파를 올린다.

재료 만가닥버섯, 대파, 잣, 두부, 칡가루
조미 올리브 오일, 마늘 오일, 간장

청경채와 만가닥버섯 찜 볶음

유부 간장으로 마무리한

1월 14일 / 찜 볶음 /

냄비에 올리브 오일, 청경채, 만가닥버섯을 넣고 잘 섞는다. 뚜껑을 덮고 찜 볶음으로 요리한다. 가끔씩 저어주다 재료가 8할 정도 익으면 유부를 넣는다. 잠시 후 간장을 더해 강불에서 완성한다.

재료 청경채, 만가닥버섯, 유부
조미 올리브 오일, 간장

무와 마늘 찜 볶음

미소로 마무리한

1월 20일 / 찜 볶음 /

무와 마늘을 올리브 오일을 넣고 찜 볶음으로 요리한다. 무가 익으면 두반장과 현미미소 더한 것을 넣는다. 소스가 부드럽게 풀리면 불을 올려 섞어주다가 발사믹 식초를 소량 더해 잘 저어주며 완성한다. 미소는 취향대로 사용해도 좋다. 배 속부터 따끈따끈해진다.

재료 무, 마늘
조미 올리브 오일, 두반장, 현미미소, 발사믹 식초

배추와 토란 찜 조림

1월 28일 / 찜 조림 /

오늘도 언제나처럼 채소로 찜 조림. 배추와 토란. 배추 위에 토란을 올린 뒤 소량의 물을 넣고 뚜껑을 덮어 찜 조림을 한다. 각각의 맛이 잘 우러나와 올리브 오일과 간장만으로도 충분히 맛이 좋다. 가까운 곳에 올리브 오일과 간장을 두어 취향껏 더해가며 먹는다. 매일 이렇게 간단히 요리해도 되는 걸까? 맛도 좋고, 만족감도 높고, 맛나게 먹으니 좋을 뿐!

재료 배추, 토란
조미 올리브 오일, 간장

자색고구마와 깨 버무림

자색고구마를 찐다. 볼에 넣고 올리브 오일을 더해 섞고, 소금을 솔솔 뿌린 뒤 빻은 검은깨를 듬뿍 넣고 잘 섞는다.

재료 자색 고구마
* 일반 고구마로 만들어도 맛있다.
조미 올리브 오일, 소금, 빻은 검은깨

무 홀그레인 머스터드 무침

저장해둔 무도 이제 조금씩 마른 기미가 보이지만 아직은 맛이 좋다. 냄비에 물을 넣고 종이 포일에 싼 무를 찐다. 올리브 오일, 홀그레인 머스터드, 간장으로 버무린다.

재료 무
조미 올리브 오일, 홀그레인 머스터드, 간장

오일로 마무리한
배추와 팽이버섯 찜

2월 19일 / 찜

냄비에 물, 큼직하게 썬 배추, 종이 포일에 싼 팽이버섯을 넣고 뚜껑을 덮어 찐다. 재료가 익으면 올리브 오일을. 무언가 맛을 더하고 싶겠지만 천천히 쪄내면 그 자체로 맛을 최고점까지 끌어낼 수 있다. 간장만으로도 맛이 좋아 아주 편했다.

재료 배추, 팽이버섯
조미 올리브 오일, 간장

볶음 우동

2월 21일 / 찜 볶음 /

이 계절엔 잘 없는 양배추를 선물 받아 큼직하게 썰고, 대파는 어슷 썰기로 썰어 올리브 오일로 찜 볶음을 했다. 재료들이 익으면 가쓰오부시 파우더를 뿌려 잘 섞고, 간장, 삶은 우동 면을 넣고 올리브 오일을 두른 뒤 잘 섞어 강불에서 마무리한다.

재료 양배추, 대파, 우동 면
조미 올리브 오일, 가쓰오부시 파우더, 간장

애 쓰 지 않 고
맛 있 게 먹 기

요리 교실의 학생으로부터 "즐거웠다! 맛있었다! 배가 따뜻해졌다!" 라는 후기를 들을 때가 있습니다. 요리는 즐겁게 해야만 맛있게 된다고 생각합니다.

즐긴다는 것은 힘을 들이지 않고 마음이 편안한 상태를 말합니다. 매일 가족을 위해서 밥을 하지 않으면 안 된다는 생각에 휩싸여 있는 사람은 "농담이 아니라고" 생각할지도 모르지만, 어차피 같은 일을 해야만 한다면 의무적으로가 아니라 즐기며 할 수 있기를 바라는 것입니다. 인생의 모든 순간을 소중히 보내고 싶은 마음에서요.

혹시 요리란 정성을 들여야 좋고, 맛있는 것이라고 생각하고 계시지는 않은가요. 하지만 아주 작은 선택만으로도 요리 레벨이 올라갑니다. 우선 조미료인 소금부터 다시 되돌아봐주세요. 그런 다음 이 책에서 제가 제안하고 있는 조리법, 뚜껑을 덮는 가열 조리를 실천해보세요.

제철 채소를 찜 볶음으로 요리하기만 해도, 간장을 더해 잘 뒤섞기만 해도, 제대로 된 요리명도 없지만 가족들은 웃는 얼굴이 됩니다. 요리 교실 수강생 중 중학생인 아들이 채소를 싫어해 아무리 노력해도 고기가 중심이 되어버리는 식단을 고민하는 분이 계셨습니다. 2년 정도 지났을 무렵, 우연히 저의 책을 거실에서 훑어보던 아들이 "이 책 필요 없으면 달라"고 말했다고 합니다. 그 후 아드님은 채소 요리에 점점 관심을 갖게 되어 이제는 채소를 듬뿍듬뿍 먹는다고 해요. 이런 이야기를 들으면 무언가 해낸 것 같은 기분에 아주 기쁘곤 합니다.

저의 요리는 채소만으로도 부족함이 없어 남성분이라도 만족할 수 있는 요리입니다. 오일을 두려워하지 않고 듬뿍 사용하며, 조미료도 마음껏 사용하고, 그때그때 계절에 어울리는 요리라서 입맛에 맞을 뿐만 아니라 몸의 세포들도 기뻐하여 만족감을 느끼죠.

이 책의 제작에 함께해준 아트 디렉션, 디자인의 요네모치 요우스케 씨, 기획과 편집의 요시다 카요 씨, 카메라의 하시모토 유우키 씨, 출판사 편집부의 유우키 쿄우코 씨. 모두 작년부터 수차례의 미팅을 거듭하며 제 요리의 참뜻을 골라내어 독자 여러분에게 전달할 수 있는 말과 다테시나에서의 사진, 디자인 등을 고민해준 덕분에 이 책이 만들어질 수 있었습니다.

미팅 당시 설명을 위해 그렸던 저의 서툰 일러스트나 글씨가 그대로 표지가 되어 조금 부끄럽기는 하지만, '전하고 싶다'는 마음으로 그렸으니 어설퍼도 이해해주세요. 제작에 참여해준 세 분 이외에도 교정, 인쇄 등을 함께해주신 모든 분들에게 이 자리를 빌려 마음으로부터 감사를 전합니다.

마지막으로 언제나 응원해주는 우리의 스텝 미키 씨, 그리고 37년간 계속해서 나의 일에 Yes!라고 말해준 동반자 나카오카 히사시, 아빠가 직접 만들어준 밥으로 건강하게 16살을 맞은 내 딸의 애견 미캉까지, 셋 모두에게 진심으로 고맙습니다.

요 리 는 삶 의 내 부 와 외 부 를
무 한 히 연 결 한 다

요나(옮긴이)

잠들기 전 이불 속에서 부엌 한편에 놓여 있는 양배추를 떠올린다. 커다랗고 둥그란 양배추는 사랑하는 친구, 그리고 고양이 두 마리와 함께 나눠 먹을 생각이다. 아삭아삭한 식감을 좋아하는 친구를 위해 사 분의 일은 물에 살짝 담가두었다가 코울슬로로, 보드랍게 먹어야 하는 고양이들을 위해 사 분의 일은 푹 쩌서 잘게 다져놓아야지. 나는 짭짤한 샌드위치가 먹고 싶으니 이 분의 일은 얇게 썰어 소금에 절여두어야겠다. 양배추의 내일을 그려보는 사이 두 눈이 스르르 감기며 온몸이 나른해진다.

'요리를 한다'는 것에 대한 정의를 무어라 말할 수 있을까. 미국의 한 아티스트는 레스토랑을 열고 사람들을 초대해 무엇이 먹고 싶은지 물었다. 메뉴를 받아 적은 그는 주방으로 가는 대신 땅속에 요리에 필요한 재료의 씨앗을 심었다. 음식을 주문한 손님들은 씨앗이 자라나 열매를 맺고, 수확되고 요리가 되기까지 기다려야 한다. 씨앗을 심은 자는 매일같이 정성을 들여 작물을 가꾸고, 주문을 한 자는 매일같이 설렘에 감싸인다. 햇빛을 찾고, 살갗의 바람을 느끼고, 주변의 색을 관찰하고. 마음을 품은 순간부터 모든 행위의 의미는 확장된다. 농사에는 자연의 변수가 많으니 어쩌면 어떤 이는 결국 주문한 음식과 마주하지 못했을 수도 있다. 필요한 재료가 그 계절에 재배되기 어렵다면 단념을 배워야 했을 것이다. 그렇다 한들 모두는 상상 속에서 음식으로 들어가고 나오기를 반복하며 일상에 퍼지는 온기를 경험할 수 있다. 요리는 삶의 내부와 외부를 무한히 연결한다.

요리에는 몸과 마음의 소리가 고스란히 투영된다. 컨디션이 좋은 날은 무얼 대충 굽기만 해도 맛이 좋고, 기분이 가라앉는 날에는 한껏 기합을 넣어도 맛이 영 별로다. 아무리 감추려고 애를 써봤자 헛수고일 뿐이다. 자연이라고 예외일 수는 없다. 예를 들어 한겨울에 맛있는 토마토 파스타가 먹고 싶어졌다고 가정하자. 토마토를 으깨어 소스를 만들고, 파스타 면을 삶아서 버무리기만 하면 되는 간단한 일이다. 하지만 추운 날 건강한 토마토를 구하는 일은 쉽지 않다. 대신 흔하게 보이는 우엉이나 연근으로 걸쭉한 크림을 만들거나, 배추와 버섯을 잔뜩 넣어 오일로 파스타를 만들면 훨씬 맛있는 요리가 완성된다. 애를 써서 달달한 겨울 토마토를 구할 필요가 없다는 사실이 나를 편안하게 다독여준다.

이 책은 애를 쓰지 않을 수 있는 요령에 대해 이야기한다. 부엌 안에서뿐만이 아닌 자신과의, 가족과의 사이에서도 긴장을 내려놓는 방법에 대해서 말이다. 억지를 부리지 않아 남은 시간과 기운으로 우리는 더 많은 책을 읽고, 산책을 하고, 낮잠을 자고, 마음껏 사랑을 하면 된다. 그렇게 지내다 보면 맛있는 요리는 어느샌가 곁으로 다가와 있을 것 같다. 그것은 이미 우리의, 자연의 안에 존재하는 듯하다.

애쓰지 않는 요리

초판 1쇄 인쇄 | 2021년 4월 15일
초판 2쇄 발행 | 2021년 5월 3일

지은이 | 다나카 레이코
옮긴이 | 요나
발행인 | 고석현

편집 | 박혜미
디자인 | 김애리
마케팅 | 정완교, 고보미

발행처 | (주)한올엠앤씨
등록 | 2011년 5월 14일

주소 | 경기도 파주시 심학산로 12, 4층
전화 | 031-839-6804(마케팅), 031-839-6812(편집)
팩스 | 031-839-6828
이메일 | booksonwed@gmail.com
홈페이지 | www.daybybook.com

* 책읽는수요일, 라이프맵, 비즈니스맵, 생각연구소, 지식갤러리, 스타일북스는 ㈜한올엠앤씨의 브랜드입니다.